阅读成就思想……

Read to Achieve

治愈系心理学系列

美好生活方法论

改善亲密、家庭和人际关系的21堂萨提亚课

邱丽娃 徐一博◎著

中国人民大学出版社
·北京·

图书在版编目（CIP）数据

美好生活方法论：改善亲密、家庭和人际关系的21堂萨提亚课 / 邱丽娃，徐一博著. -- 北京：中国人民大学出版社，2021.7
　ISBN 978-7-300-29441-4

Ⅰ．①美… Ⅱ．①邱… ②徐… Ⅲ．①应用心理学 Ⅳ．①B849

中国版本图书馆CIP数据核字(2021)第110835号

美好生活方法论：改善亲密、家庭和人际关系的21堂萨提亚课
邱丽娃　徐一博　著
Meihao Shenghuo Fangfalun：Gaishan Qinmi、Jiating he Renji Guanxi de 21 Tang Satiyake

出版发行	中国人民大学出版社		
社　　址	北京中关村大街31号	邮政编码	100080
电　　话	010-62511242（总编室）	010-62511770（质管部）	
	010-82501766（邮购部）	010-62514148（门市部）	
	010-62515195（发行公司）	010-62515275（盗版举报）	
网　　址	http://www.crup.com.cn		
经　　销	新华书店		
印　　刷	天津中印联印务有限公司		
开　　本	720 mm×1000 mm　1/16	版　次	2021年7月第1版
印　　张	17　插页1	印　次	2024年12月第6次印刷
字　　数	280 000	定　价	69.00元

版权所有　　　侵权必究　　　印装差错　　　负责调换

本书赞誉

现象学家梅洛庞蒂说："只有人，方能与环境或世界产生互动，而这个互动的过程才是构成经验与世界的一个基石。"

解构人与人的意向、身体与空间之关系，用现象学的大白话来说，就是试着去看到人所处之"局"，从而开启心理剧、家庭排列、家庭治疗等疗法之思考。

我在学习心理学的旅程中，也完整地学习了萨提亚。透过现象学的视角，对于萨提亚，又有许多不同的看见。

非常激动地拜读了丽娃老师和一博老师的共同著作《美好生活方法论》。这本书的特别之处在于，每节课的设计和毫无藏私的知识讲解与练习，让读者可以在学习了萨提亚模式的相关知识后，将其应用于生活。

丽娃老师一直从事心理教育工作。我从丽娃老师身上学习到的，不仅仅是知识，还有助人工作者的细腻与温暖。

一博老师有难能可贵的求真精神，并能放下固有认识，悬置原本专精的心理疗法，完全浸润在另一个不同的领域，并加以融会贯通，形成自己独有的风格。

这本书不仅仅完善讲解了萨提亚模式，更能让我们学习到如何与身边重要他人乃至整个世界和谐共处，是一本好书！

林嘉政
国家二级心理咨询师、哈科米取向治疗师、泽维尔人本发展中心创始人

第一次去北京参加丽娃老师的萨提亚课程时，我正在经历一次很痛苦的分离，很多情绪都卡在心里。虽然我表面看起来阳光明媚，但我知道，我需要一次真正的疗愈。还好，我遇见了温润的丽娃老师，遇见了有爱的萨提亚，帮助我渡过了生命中的大难关。

丽娃老师在我心里是妈妈一样的存在，尤其是我在去年做了妈妈、有了女儿后，我更切身地体会到了家庭关系，尤其是亲子关系对一个孩子性格塑造的巨大影响；而内心有伤的父母，又是多么容易把这种创伤在无意识中传递给孩子。因此，为人父母，要先疗愈自己，这真的太重要了。

很荣幸我见证了这本书从酝酿到构思、从初稿到定稿的全过程，丽娃妈妈和我的爱人一博的心血和巧思都在这里，希望这极具实操性的 21 堂课，能帮助更多像我一样的朋友！愿每个家庭都更和谐，愿家人之间的爱自然地流动！

郭明珠
国家二级心理咨询师、上海明艾博商贸中心创始人

《美好生活方法论》是一本从根处探寻关系问题的书籍，也是关系问题的解决之道。

萨提亚本身的魅力就在于，让我们清楚地觉察到关系中一切问题的本质，并从内在唤醒我们疗愈的力量。

因此，这本书可以作为每一个处在各种关系中的人的枕边书。它涵盖五个维度，逐层剥开关系中的阴影：（1）觉察我们与他人的沟通模式；（2）发展为全新的沟通方式、松动无意识中的冰山系统；（3）理解自己深层的期待与渴望、发现原生家庭的关系脚本；（5）重塑我们的内在脚本、提升自我价值；（5）与自我和解。

如果你愿意借助 21 堂课疗愈关系，那么这本书将会让你发生转变。

赵一锦
国家二级心理咨询师、大连锦缘心理创始人

与丽娃老师的接触、学习后，我发现，她人小小的，能量却大大的；眼神明亮、充满智慧；每一个笑容、表情都是鼓励肯定的支持！

这本《美好生活方法论》带着我们深刻地碰触到了自己的内心深处，我们会在这里发现，幸福快乐可以无须假以他人之手，自我疗愈只在每一个当下。

在这一趟萨提亚疗愈之旅中，随着丽娃、一博的智慧引领，深掘自身的桎梏、限制，透过四个部分流水般自然温和的练习，让每一个阅读本书的人都能领略到萨提亚疗愈的温暖力量。会发现过去的执拗松动了，人生变得更鲜活富有弹性，生活更加舒畅从容。这是一本带你去往正确目的地的地图，而你，凭借这张地图尽情地去畅游和探索吧！

乔拉拉
国家二级心理咨询师、正念讲师、心禾正念空间创始人

本书赞誉

丽娃老师是一位让我非常敬重的老师。

当老师跟我说，她在整理这么多年的个案实践，与一博合作集结成稿准备出版时，我不禁雀跃起来——终于可以看到老师在专业领域耕耘 30 多年的成果和结晶了。在这本《美好生活方法论》里，我感受到了丽娃老师用生命在工作，用心血敲打一字一句。

如果你在工作和生活中遇到了亲子关系、亲密关系、上下级关系等的困扰，那么这本书将会非常适合你。本书用通俗的语言，非常详尽地介绍了理论和实践，即使你没有上过丽娃老师的课程，也能照着书中的提示一步步地练起来。通过 21 天的阅读、体验和练习，实现改善关系、自我成长。

愿你在这本书的陪伴下，通过 21 天的自助成长，在生命中有不期而遇的温暖，有滋养关系的基石，有拨开云雾见月明的领悟！

林新梅
国家二级心理咨询师、宁波心禾心理创始人

接到丽娃老师的邀请时，我内观自己，发现我的自我价值感在此时受到了扰动。无意间就想到，无论人生上到哪一层台阶，阶下都有人在仰望我，阶上都有人在俯视我，我抬头自卑，低头自得，唯有平视才能看见真实的自己。

通过拜读丽娃与一博合著的《美好生活方法论》一书，我看到自己曾经的知觉定势，对家庭桎梏的破除以及深层自我的蜕变，呼吸之间，就这样走过了。莫泊桑在《一生》一书中说道："生活不可能像你想象的那么好，但也不会像你想象的那么糟。有时，我可能脆弱得一句话就泪流满面；有时，也发现自己咬着牙走了很长的路。"

颇具"工匠精神"的丽娃老师，她心中的信念感已经冲破了对成功的欲望。就如《中庸》有云，"君子素其位而行，不愿乎其外。素富贵，行乎富贵；素贫贱，行乎贫贱……君子无入而不自得焉"。君子安于现在所处的地位去做应做的事，无论是富贵还是贫贱……无论处于什么情况下都是安然自得的。

人生得遇良师，心幸至焉。

何金雨
国家二级心理咨询师、上海洗心心理工作室创始人

我从 2015 年开始跟随丽娃老师学习。在工作坊中，丽娃老师有时像大山，稳稳地给予温暖支持；有时又似空中翱翔的雄鹰，快狠准地看到案主的困局，协助案主找到自己的力量，真正地站起来。我看到许多人在老师的工作坊中展开人生的新篇章，绽放鲜活的生命。

《美好生活方法论》是一本适合随身携带的自我觉察和成长自助手册，凝结了丽娃老师30余年助人经验的凝萃，是其萨提亚工作坊中的精华。丽娃老师和一博老师以既专业又浅显易懂、既具实操性又落地的方式，将萨提亚课程中"华美的布片"和"绚丽的宝石"编织成一件美丽的衣服。穿上它，跟随丽娃老师踏进生命之河，觉察坎坷困境下的礼物，探寻生命最珍贵的角落，相信你会遇见生命的暖流，走出桎梏，蜕变精彩！

叶菁

清华大学社科学院认证积极心理学指导师、国家高级心理咨询师 P.E.T. 父母效能训练资深讲师、萨提亚家庭治疗执业师

我在参加丽娃老师的萨提亚家庭治疗模式课程的第一天就有幸作为案主，亲身体验到了萨提亚模式在非常短的时间内为来访者带来的深度转变。我常常觉得自己很幸运，能在人生的中段就遇到丽娃老师，接触到萨提亚模式，让我可以从那些原本紧紧捆绑住我的自我局限性信念中挣脱出来，找回被遗落的自己，让自己的生命更完整、更自由，也更闪亮。

跟随老师多年，亲眼看到她用自己独特的温和而坚定疗愈着每个有需求的案主。更令人动容的是，她不遗余力地将萨提亚模式的精髓传播到任何她能到之处。老师常说"能帮一个是一个"，如今她和一博合作出书了，相信会有更多的人因此获益。

市面上关于萨提亚模式的书籍有很多，我自己也会带领萨提亚模式的读书会，却鲜有一本书能将理论与操作方法结合得如此之妙，而且语言又如此通俗易懂，让即使没有任何萨提亚功底的人也可以遵循书中的步骤实现自助。愿每个读到《美好生活方法论》这本书的人，都可以随着书中的引领，将所有经历转化为生命中的养料。

梁洛瑄

国家二级心理咨询师、广西至善教育咨询创始人

特别感恩丽娃老师的邀请。我觉得自己是一个幸运儿，今生能够得到丽娃老师的教导和指引。

每个人的生命历程都宛如变幻莫测的大海，时而风平浪静，时而波涛汹涌，时而暗潮涌动，时而狂风巨浪。我们在旅途之中，被命运的浪潮席卷，常常感觉人是如此渺小、无助，甚至绝望。2017年，我陷入人生低谷，在那段最艰难、最痛苦的日子，一向坚强的自己几乎耗尽了所有的生命能量。在这样特殊的日子，我遇见了萨提亚课程。从此，迷茫困惑、灰

暗冰冷的日子里，投射进了一缕缕温柔的、明亮的阳光，滋润并滋养着我，那就是我们最可爱的丽娃老师和她所教授的萨提亚家庭治疗课程。

在这本《美好生活方法论》中，丽娃老师和一博老师用他们精湛的专业技术和严谨的治学情怀传播着萨提亚的种子。欣喜感恩！

潘亚

普宁二中实验学校（小学部）校长

知道丽娃老师和一博的《美好生活方法论》一书要出版了，好想推荐给所有人。和老师学习好多年了，我从一个不敢问路的小女生，变成了如今这个遇到难题之后擦干眼泪可以继续往前走的人，中间经历了很多。现在回头看看，原来真的像老师说的那样："这么多年过去了，回头看看，哇，长得好好哦，自己都佩服自己。"

推荐这本书，是因为它不仅仅是一本书，更是一个可以让我们挣脱原生家庭的枷锁、找到自己力量的源泉；是一个让自己接纳原生家庭、接纳自己的机会；是一盏可以让自己明白自己价值的明灯。

期待你可以和我一样，多年过后，回头看看，发现自己"长得好好哦"！

汪锋

国家二级心理咨询师、心悦美学堂创始人

改变人固有的习惯行为模式，需要认知－练习－蜕变－成长，这是一个漫长的过程，不仅需要时间与耐心，还需要有系统专业的方法指导。丽娃与一博两位老师合著的《美好生活方法论》一书，对萨提亚理论做出了专业翔实的介绍，并设置了相应练习，便于自学者掌握知识要点，语言通俗易懂。

书中介绍的"冰山日记"（即长期对相关情绪行为的探索与记录），就是一种有意识的自我认知觉察功课，我坚持着，也让自己受益匪浅。

我也想让这本《美好生活方法论》成为我们小组成员必备的个人学习手册，帮助我和大家更好地成长。

让我们在心灵成长的道路上一起共勉！

柴智东

深圳上馨心理总经理

推荐序一

世界上有多少人爱你,并不重要。重要的是,你在乎的人爱不爱你。

关系不良,是启动心理咨询最重要的动力。人际互动中的关怀、呵护、念叨、惦记、争执、指责、计较、嫉妒……处处都是爱。

一首歌呼唤一种爱的风貌,但爱的样貌何止千百种?爱,多元且复杂,一点都不简单,关系的改善,就是重新好好练习爱的功课。而爱的功课,是一辈子的。

人们常说,"家是避风港,是安全的堡垒"。在心理咨询领域中,我们发现,家庭确实会伤人。家是我们接触的第一个团体,我们在这里吸收着重要他人(尤其是长辈们)的谆谆教诲、耳提面命,躲避着可能的责难与处罚,迎接着赞美与欣赏,趋吉避凶是人的天性与本领。于是,我们长出独特的存活姿态。萨提亚模式称其为"沟通姿态",如指责、讨好、超理智、打岔。

曾几何时,年幼的我们牙牙学语,当能说出关键字词时,举家欢腾。慢慢长大后,我们努力把话说得字正腔圆,力求词能达意,更求能言善道。再慢慢地长大,我们只想说出心里真正想要说的。与内心真诚一致的表达,是我们在沟通中最享受与最自在的状态,而这也是萨提亚模式提醒我们要努力学习的健康沟通姿态。不过,这也有个误区:若只是说出真诚一致的话语,那么不一定能带来好的沟通,因为只说出自己想要讲的,而忽略了关系互动的觉察,就会变成只是努力为自己发声的自我中心。

心理咨询是生命陪伴生命的伟大工程,在这个领域中,若能遇见道艺合一的师傅,就是学习者最大的幸福。我所认识的丽娃老师,平易近人,没有大师的架子,却有着大师的底子。她将多年的辅导经验以自身生命为注,用温柔又不失严谨的方式循循善诱,引导学员梳理内在的伤痛,缔造一个又一个的生命感动。丽娃老师开的课程屡屡得到学员们的喜爱，可由此得证。

我也在大学研究所里教课，知道觅得一本优质教科书的珍贵。拜读此书时，我既惊喜又感动，因为这是我目前看到撰写萨提亚理论写得最好的一本书。本书汇整了丽娃与一博两位老师多年教与学的厚实经验，梳理了萨提亚理论的精髓，用实操性很强的练习，深入浅出地引导着学员们逐步踏实地学会改善关系。诚如一博老师所说，萨提亚理论结构上较为松散，常让学习者学习多年后只知如何区分沟通姿态，顶多再深至冰山人格理论的剖析，仿佛变成了传统的个人治疗形式，却忽略了"家如何形塑人的个性与价值"这个系统观点，更不容易看见家庭重塑的根本在于提升自我价值，把自己爱回来。

书中的四大结构是极佳的理论立体解构与创见。让我们用由浅至深、由易至难，再由外至内的方式循序渐进地学会改善关系。先从外显的沟通姿态觉察与改变开始，再往内去看见我们的内心系统，明白一层又深一层的心理内涵与需要。接着，再去觉察与松绑家运作的系统与规则，让家有着更有活性与弹性的规则，也让家跟着重生与成长。本书的第四部分是作者的独创，引导人们在自我价值这一块最重要的基石上觉察、接纳与和解。

萨提亚模式是一种很有温度的成长哲学与沟通方法，引领人们重视自己、接纳自己的不完美，不要用自己的不足之处来惩罚自己。这样，我们就可以珍惜自己、爱自己，进而去爱我们身边的人。

照着本书提供的练习，在21天当中，相信你一定会有逐渐丰富的内在觉察，并最终惊喜地看到关系真的发生蜕变了。

让我们一起去练习这"练爱的四部曲"吧！你能看见花儿的独特摇曳舞姿，然后探索到根部，寻回本性一致性地生长，再至花盆里看见根部与土壤的交织，吸收营养，排出毒素。在这个过程中，花儿作为一个自主的个体，会逐渐长得更好，转化和成长的价值也在于此。

林祺堂
后现代家族治疗（焦点解决治疗、叙事治疗）领航员

推荐序二

非常感谢丽娃老师让我来为《美好生活方法论》一书写序,也非常有幸能够首先拜读老师的大作。

认识丽娃老师是在 2013 年,过程比较曲折。

那时,我们非常需要引入萨提亚的工作坊来帮助更多的人,但是一直没有找到合适的人选。我通过我的导师认识了丽娃老师的导师,几经辗转才见到丽娃老师。当时,我听说老师从台湾来了,就和老师约着见面。之前打听到老师吃素,专门找了一家素菜馆。我先到的,等了一会儿,老师发短信说到了,我放眼望去,咦,怎么没有看到她啊?就在这时,一个个子小小的、面容慈祥的老太太和我打招呼,她很温柔地问我:"你是韩老师吗?"我当时候有点懵,这就是丽娃?凭她这身板,走路缓缓的,说话声音柔柔的,能有啥本事来带萨提亚工作坊?坐下来聊了半天,也没有啥感觉。说实话,我在当时还是比较失望的,觉得我那么信任的导师怎么会介绍一位不太合适的人给我?我只好安慰自己,还好,只是约一次公开课,看看效果如何吧!

没想到,那天我们的宣传一出去,现场来了 400 多人,坐满了整整一间学术报告厅。这下子,我更加紧张了,这么多人,一个弱弱的老人家,到底行不行啊,真为她捏把汗。我甚至想,实在不行,我们自己派人顶上去吧。

讲座一开始,这位台湾老太太缓缓的、柔柔的声音就把全场 400 多人带进了萨提亚的美妙世界。尤其是到了一个小时之后,伴随着"自我价值""一致性"等字眼,整个报告厅沉浸在了静谧、安详的氛围中。

从此以后,在带萨提亚工作坊的岁月里,丽娃老师的江湖地位不断升级,由丽娃妈妈到丽娃奶奶,由优秀导师到宝岛大咖,众多学员成了"娃粉",无论老师走到哪里，都有学员跟着她去向那里。很多学员说，听着那个缓缓的、柔柔的声音本身就已经获得疗愈了。

萨提亚在国内已经流行十多年了，帮助了无数人从痛苦中获得疗愈，从纠结中获得滋养。而当"丽娃模式"的萨提亚呈现给大家的时候，大家都眼前一亮，好像这个才是真正的萨提亚家庭疗愈吧。很多学员在其他地方学习了萨提亚，然后再学丽娃老师的萨提亚时说，这才是维持萨提亚女士注重实操实践的萨提亚工作坊。不仅仅是萨提亚模式的内容，更重要的是萨提亚家庭治疗教学中的那份严谨和敬业。丽娃老师常说"我的导师对我特别严格"。事实上，有很多学员尤其是导师班学员就是因为缺课或者"质量"不过关（还是被这位慈祥的奶奶严格把关）而没有拿到毕业证书，只有达到了所有的要求才能拿到珍贵的毕业证书。

《美好生活方法论》一书是丽娃老师整合了萨提亚的精神，综合自身多年的修习经历、成长经验、教学方法而整合出的一本有着实际操作方法和思路的实操练习作品。更重要的是，这本书深深扎根于国内本土文化和需求，非常适合国内的学员去修习。这个模式不仅对追寻内在成长的大众学员有帮助，而且对具有教学能力和经验的萨提亚导师们也大有裨益。这本书分为4个部分、21课内容，每个主题都将教授读者更加深刻又实际的落地方法。

作为一名心理工作者、心理讲师，我已跟随丽娃老师学习了很多年，除了我自己受益，我也经常在我的咨询个案及讲课的内容中加入很多丽娃老师教授的方法。我之所以非常期待丽娃老师的这本《美好生活方法论》，是因为这本书介绍了更多的方法论和具体落地执行的方法，让我比原来纯粹的"感悟"获得了更多的如何"操作"，大大地提高了自己的学习效率。本书不仅具有"织布机的写作方式，大量的补充知识"，更有我特别期待的"落地性和专业而通俗"的方法论；更重要的是，还有每日功课要做，这种手把手的、极具耐心和细心的学习方法，让我在自己学习和向别人普及萨提亚时将会更加具有操作性，这也是我真正想看到和想去学习如何操作的原因。

终于有一天，我和妻子拜访了丽娃老师的导师，以及丽娃老师夫妇。那时我才知道，丽娃老师接受了如此专业的训练，在生活中，她又与爱人彼此滋养着、浪漫着。我们也更加坚定，丽娃老师是萨提亚家庭治疗的传播者，是幸福的滋养者，更是一位修行者，这份大爱会慢慢地、柔柔地撒播到每一个参与者的心里，并通过学员再滋养到更多的人。

让我们一起来参与、实践、修习这本《美好生活方法论》。

韩耀生
上馨心理创始人

推荐序三

德尔菲神庙门楣上有言:"认识你自己。"

这既是智慧的起点,又是智慧的目标。

问题是,谈何容易?

宏观到你的人生脚本、人际模式、性格基调、情绪按钮,早在原生家庭的环境中被一点点编入了你思想底层的操作系统;具体到你会选择什么样的配偶、你对子女的愿望和焦虑、你对他人的期待和恐惧,也都像一个个 App 被安装进了你的系统之中,但你可能并没有发现它们和原生家庭有何关联。

抑或是,我们对人生境遇的种种态度:我们会奋起反抗,会满怀希望;我们也可能消极悲观,甚至觉得人间不值得;我们在充盈中悲歌,在匮乏中欢唱……

如此的这般那般、这些那些,其实都曾在生命早年的重要关系(通常是家庭关系)中被塑造,我们却难以做到"认识你自己",或者就算我们意识到了,也很难做出有效的改变。

这么说是不是有点像宿命论?

不,恰恰不是!

我想到时下有种有毒的流行言论,叫作"父母皆祸害",它通过唤醒和放大你对某人的愤怒来勾引所谓的"共鸣"。父母一定不完美,甚至在很多方面无知又愚蠢,但请你相信,父母是人不是神,他们中的大多数已经在尽力做他们能做到的最好的父母了——如果你意识不到这一点,就永远不可能有机会与自己的原生家庭和解。更有害的是,这种言论把我们放置在一个不可动弹的受害者位置,抹杀了我们作为一个主体可以为自己的幸福和改变做出努力的可能性。然而,事实不是这样——事实是，不管过往的力量多么强大，我们都可以踏上改变的征程。

当你愿意打开这本《美好生活方法论》阅读、学习和练习时，最重要的一件事可能已经发生了，那就是你已经在向自己宣告："我愿意并且我也可以为自己的生命负责！"

我喜欢这本书，是因为它在帮我们认识自己，一点点挣脱往日的束缚并做出改变。所以在我看来，这本书关乎智慧，关乎自由。

愿我们努力地走出每一步，相信总有一天，我们会和这个世界握手言和。

张浩
心盟心理创始人

序一

> 萨提亚期望：
> 内在和谐（peace within）
> 人际和睦（peace between）
> 世界和平（peace among）

人活在关系里，每时每刻都与关系有关。

自己和自己的关系改善了，内在就和谐了。内在和谐了，在与人相处、与人沟通时，就可以有效沟通，既可以清晰地传达自己的意思，也可以完整地接收对方所要传达的意思。当人际和睦时，世界也会和平。这是萨提亚的期望，也是每个人一生的期待与功课。

只说"改善关系"太抽象，因此本书分为以下四个部分：

- 改善人际沟通系统，让沟通全新升级；
- 认识、提升内在冰山系统，让人生开始改变；
- 改善原生家庭系统，走出家庭的桎梏；
- 实现核心自我系统的升级，让自我发生深层蜕变。

当然，这个过程并未结束，核心自我系统的提升能帮助个体提高自尊水平，并且更有力量地改善原生家庭系统，原生家庭系统的改善又会带来进一步的内在冰山的成长，而内在冰山的成长又会改善人际沟通。

这样的两个过程（简单地说，就是"重塑关系、转化人生"，具体而言如下）交替往复、不断循环，以此引发人生改变的蝴蝶效应。让改变从星星之光变为燎原之火，推动人生在这个良性循环过程中走向温暖和幸福。

- **重塑关系**：重塑与个体有关的所有系统内部的关系及其之间的关系，包括人际沟通系统、内在冰山系统、原生家庭系统、核心自我系统。
- **转化人生**：让人生实现彻底的转化性改变，让人生拥有质的飞跃，走向真正幸福的人生。

所有的成长，不管是外在的成长还是内在的成长，无法一蹴而就，都是一步一个脚印地向前走，并且是一丝一缕编织而成的。

成长是个目标，改善关系更是一段漫长的旅程。踏上旅程之前，需要一份地图，地图上会指引你旅程的路径，如果你只是停留在观看地图的程度，那么你永远都无法到达你要去的地方。最好的做法就是先抬起一只脚，踏上旅途。就像如果学游泳的人不下水，就永远都无法学会游泳。

当你拿到这本书时，你已经在心田撒下自我成长、改善关系的种子。随后，需要浇灌种子才能破壳而出，扎根发芽，一天天地长大。真心期盼，你可以依照这本书的指引，一天天地练习，相信一定能带给你莫大的改变，促使关系的改善。

序二

人际关系是许多人生命中不可言说的痛，这种痛既能痛彻心扉，又能冰冻三尺，透骨的寒意让人难以获得温暖和幸福。

许多人纷纷开始想办法进行自救，这其中就包括了解和学习萨提亚家庭治疗模式。这套家庭治疗的系统性方法就像一艘挪亚方舟，拯救了非常多的处于痛苦关系中的人，于是有越来越多的人参与到萨提亚模式的学习中来。

学习萨提亚是一件轻松却又困难的事情：说轻松，是因为萨提亚没有艰涩的理论，都是对生活现象的清晰梳理和应对的实用技巧，这些技巧掌握起来是非常轻松的；说困难，是因为萨提亚模式像一堆散乱的珠宝，每一件都绚烂美丽、价值非凡，却被散乱地放在那儿，没有被整理成为一个有序的状态。

学习萨提亚模式的每一个技术不难，但整体性地把握萨提亚模式的立体结构就非常困难了，因此许多人学习了很多年也没有抓住其精髓的部分。

萨提亚模式的精髓其实和中国文化存在一些相似之处，很像是将《易经》或《道德经》中所呈现的关于各种元素普遍联系和互相影响的洞见运用于家庭关系中。

中国古人好像早就看透了这种辩证交互的关系，所以能够认识到诸如"皮之不存、毛将焉附""水能载舟、亦能覆舟"等道理。

"国家"这个词可以很好地体现出中国人对于这种原理的深刻认识："报国为家"，因为国好，家才能好；"齐家治国"，因为家好，国才能好。

"报国""齐家"这些朴素的情怀与萨提亚模式的洞见，其内涵是高度一致的，简言之，就是各种系统之间是相互影响的。只有影响个体的系统都得到改善，个体的生活状态才能得到真正的改善。

在萨提亚模式理论中，与个体幸福相关的系统包括人际沟通系统、内在心理系统（又分为内在冰山系统和核心自我系统）、原生家庭系统。萨提亚模式就是围绕这些互相交织、相互影响的系统而构建的方法，它并不是致力于提升某一个问题解决的能力，以求由此就能彻底解决问题；而是切实帮助个体拥有改善上述所有系统的能力，从而真正彻底地解决问题。

如果看不到萨提亚所具有的这种系统观，就会导致头痛医头、脚痛医脚，看问题只见树木不见森林，结果就是一个问题刚落、一个问题又起，表面问题不断转变、根本问题却得不到解决。

如果能够具有萨提亚模式的系统观，就能运用萨提亚模式提供的各种技术逐步改善这些系统。

希望通过本书，助你重塑关系、转化人生。

徐一博

目录

01 沟通的全新升级

第 1 课
擦去保护色，活出真实的自己
从不一致走向表里一致 / 003

第 2 课
不一致沟通的方式
讨好、指责、超理智还是打岔 / 014

第 3 课
学会一致性沟通
如何在沟通中兼顾自我、情境、他人 / 026

第 4 课
应对不一致沟通
如何面对讨好、指责、超理智和打岔 / 034

第 5 课
去除引发误解的认知滤镜
理解信息加工过程的六种成分 / 043

第 6 课
增进彼此的深度理解
内心天气分享 / 052

02 让人生开始改变

第 7 课
人生改变的攻略
如何走过改变的旅程 / 063

第 8 课
驾驭你的内心
理解冰山系统 / 072

第 9 课
觉察情感体验
学习接触、接纳、管理感受 / 081

第 10 课
理解浮现的想法
摆脱观点的奴役 / 091

第 11 课
你的自我想让你往哪儿走
理解深层内在的期待和渴望 / 102

03 走出家庭的桎梏

第 12 课
内在关系脚本的进化
从等级模式走向成长模式 / 117

第 13 课
优化内心自动化模式
发现家规并将其转化为指南 / 128

第 14 课

了解家庭动力系统的地基

家庭历史考古的诸多工具 / 141

第 15 课

让家中暗流浮出水面

为家庭系统动力做雕塑 / 153

第 16 课

重建你的内心地基

重塑你的家庭系统 / 171

04 自我的深层蜕变

第 17 课

扩展你的自我认同

用曼陀罗觉察八个维度的"我" / 183

第 18 课

启动自我改善的涟漪效应

为何重建自尊那么重要 / 194

第 19 课

认识你存在的意义

自我价值到底有什么价值 / 203

第 20 课

照亮自我的阴影

提高自我接纳程度的方法 / 214

第 21 课

减少心理冲突的内耗

举办个性部分舞会，共创和谐 / 223

参考文献 / 245

后记 / 247

沟通的全新升级

第一部分

第1课

擦去保护色，活出真实的自己
从不一致走向表里一致

知识讲解

你曾遇到过这样的情况吗？

有人问你："你最近怎么样，还好吗？"

你的内心有个声音在说"我不太好"，不知道为什么嘴上却说"我挺好的"。

或者，你遇到过这样的情况吗？

别人送你一样礼物后，问："你喜欢吗？"

你的内心的感觉是"丑死了"却不敢说出来，而是回应对方说："我好喜欢啊！"

上述情况就是我们将在本课中探讨的不一致沟通现象。

你可能会想，这个现象不是很平常吗？这对沟通会有很大影响吗？

《劝学》中有言："不积跬步无以至千里，不积小流无以成江海。"也就是说，**任何一个"小现象"（或"小问题"）经过不断积累都会成为"大现象"（或"大问题"）**。

那么，如果你在日常生活中存在着大量的不一致沟通，经过积累会产生什么大问题呢？你可能会出现以下情况：

- 你与一个朋友本来关系不错，但是在经过几次不舒服的沟通以后，关系渐渐疏远，最后形同陌路；
- 你和某个亲人之间，因为几次不顺畅的沟通而产生了误解，渐渐地，误解越来越深，彼此的争吵也越来越多。

如果你经历过关系恶化，那说明你经历过因为不一致沟通而积累出的大问题了。

不一致沟通为什么会在积累后造成关系恶化呢？这两个现象是如何产生相互作用的呢？我们可以拿夫妻之间沟通中最常见的一个现象为例。

丈夫：今年结婚纪念日，你有没有什么特别想要的？

妻子：你看着安排就行（心里想的是，我希望你能够送我玫瑰花，可是我怎么好意思说出口，即便我不开口，你也应该知道的呀）。

结果，到了结婚纪念日那天，丈夫精心准备了一顿丰盛的晚餐，就是没有准备玫瑰花。

妻子一看没有玫瑰花非常不高兴，心想：虽然有一顿丰盛的晚餐，但这丰盛的晚餐在别的节日也有啊，结婚纪念日不就是应该有玫瑰花吗？

丈夫看到妻子看起来不开心，自己也感到很不舒服，心想：明明都已经问你了，你说让我安排就行，结果我按照自己的想法做了安排，你还不高兴，你有什么需求就不能明说吗？

这样一来，原本可以促进夫妻感情的结婚纪念日，却让双方都很不开心。

如果这样的不开心持续积累，夫妻之间就会对对方产生误解。

妻子：我丈夫太不懂我了，这么多年了，连我的一点小心思都猜不到。

丈夫：我与妻子的相处太难了，她总是不明说心里所想，还指望我能猜到。我又不是她肚子里的蛔虫，我怎么能猜到呢？

更多生活上的不一致沟通会导致这些想法越来越坚固、难以撼动，然后让彼此都觉得这就是"真正的现实"，因此最终导致了关系恶化。

不一致沟通主要会带来以下危害：

- 让沟通双方的主观感受和客观表达是割裂的，最终彼此的主观感受无法得到对方的理解；
- 没有这种理解，就不可能产生有效的方式，让彼此的主观感受得到满足；
- 当彼此的主观感受长期无法得到满足的时候，就会使得关系恶化。

美国心理治疗师和家庭治疗师维吉尼亚·萨提亚（Virginia Satir）女士，正是在多年的咨询中发现了这种不一致所带来的巨大危害，因此非常重视沟通中的不一致现象。这些不一致常常和困扰来访者的问题存在某种关联，尤其是人与人在关系上的问题。

关于我们生命中大量存在的问题（包括不一致）以及如何走出问题，萨提亚提出了一个关于生命过程的理论解释——三度诞生理论。

第一度诞生

第一度诞生，即父亲的精子和母亲的卵子结合的那一刻，那个最强壮、游得最快的精子有机会与卵子结合成受精卵，激活了生命力，创造了一个生命力的呈现形式，萨提亚模式认为，**人与这个生命力一起创造了自己的生命**。这个结合的状态象征着每个人都来自同样的起源，所有人类的生命力都是互相联结的。因此，每个人都拥有同样的价值，人人平等，并且拥有相同的生命力。

第二度诞生

第二度诞生，即个人离开母亲的子宫来到人世间，出生以后，来到了一个已经存在的家庭系统，生存与否完全依赖主要的照顾者。萨提亚模式认为，我们所有人都是一生下来就与父母建立了求生存的关系，在婴幼儿时不能为自己做任何事情。为了能在这个世界生存下来，我们必须想办法适应父母亲所经营的原生家庭的文化，遵守家庭规则。因此，**我们都会学习到求生存的姿态和最佳的生存法则，拥有应对现实世界的能力，从而让自己得以生存，所谓的"面具"和"保护色"都是在这个时期形成的。**

为什么保护色在这个时期对我们来说很重要？为什么这在我们长大成人后又会

导致我们的生活出现许多问题？

在原生家庭中，我们需要适应的环境是父母，父母构成了我们全部的天与地，如何与父母好好相处就是我们最重要的事情。了解并重视父母所在乎的一切，成了在这个原生家庭中生活的基本功课。只有能够完成好这个基本功课，父母才不会时常对我们产生剧烈的情绪。

没有剧烈的情绪，就意味着能够风平浪静、安安稳稳地过一天；反之，这一天都不好过。

因此，我们努力学习着了解父母的各种要求，不同的父母又有着不同的要求。

- "哭什么哭，憋回去。"这让我们形成了情绪性表达不一致。
- "这些话不该在这儿说，回家再说。"这让我们形成了场合性表达不一致。
- "这些话跟谁都不能说。"这让我们形成了对象性表达不一致。
- "话得说一半，不能毫无保留。"这让我们形成了隐藏性表达不一致。

各种不一致模式就在这样的成长过程中逐渐形成了，它成了我们在原生家庭中的保护色，帮助我们更容易被父母接纳。然而，在我们长大成人之后，需要适应的环境就不再只是父母了，而是整个复杂而多变的社会。

之前形成的不一致模式会僵化地存在于我们的沟通方式中，成为一种默认状态。这些默认状态导致了各种关系恶化，我们往往不知道这是因它们而导致的，从而想不到去改变。这样一来，人际关系无法获得改善，生活也陷入了无尽的矛盾、冲突和苦恼中。

还好，第三度诞生能让我们的生活有机会摆脱第二度诞生后成长过程中所留下的种种问题。

第三度诞生

第三度诞生，即人为了成为一个成熟、完整的人而有了新的自我意识，包含觉察和欣赏。察觉什么？欣赏什么？察觉和欣赏我们如何管理、理解、滋养和发现成为一个人的奇迹。

第一部分
沟通的全新升级

第三度诞生的本质是，人可以根据自己的现实概念，有意识地选择最适合自己的方式生活、成长。重新为自己的生命做决定，保留成长过程中适合自己的信念或生存法则，丢弃不适合的，真正脱离父母，成为一个独立自主的个体。

然而，这样的过程并不容易，因为我们很容易受到原生家庭文化的影响。

萨提亚说，**察觉是改变的开始，体验让改变发生**。

要想成为一个独立自主的个体、一个完整的人，就必须通过察觉来改变。

这也是本书的目标，即**通过基于萨提亚治疗模式而设计的察觉功课和练习，帮助人们实现自我成长的目标，彻底实现第三度诞生，让生活更加幸福**。

在第三度诞生中，有一个非常关键的转变：**从不一致走向表里一致**。什么是表里一致？表里一致又要如何实现呢？

表里一致就是主观感受和客观表达一致，让沟通对象能够通过客观表达，准确地了解自己主观感受的真实状态。让沟通帮助彼此产生真正的理解，并基于这份理解提升关系的品质。

说起来容易，但做起来可能很有难度。既然一致性沟通既可以提升关系的质量，又可以达到有效的沟通，那么为什么实践起来难度很高呢？让我们从几个不同的角度来理解这些干扰。

从文化角度来看，社会文化（尤其是亚洲文化）中有许多既有的观念教导我们不要一致表达。比如，"把内心的真实想法告诉别人会带来危险"，或者"直接表达内心感受意味着幼稚"等。

从利弊角度来看，我们常常认为有所保留会更加有利，全盘托出则容易让自己处于不利地位，因此我们经常在表达的时候对自己的真实感受有所保留。

从人性角度来看，大多数人都会更加倾向于维持现状，这样就会在不知不觉中维持自己在原生家庭中形成的沟通模式，这种沟通模式常常是趋于不一致的。因为我们的父母并非完人，他们也不是心理学家，在家庭教育中难免会让我们形成许多不一致的沟通模式，维持既有沟通模式能够让我们产生一定的安全感。

从期待角度来讲，每个人都希望别人能更懂自己，即便自己不说出来，对方也能读懂自己的内心想法。当然，这种情况其实是不存在的，但大多数人依然有这样的期待，认为只有那样的人才是真正在乎自己的人，这样的模式在亲密关系中很常见。

因此，出于以上及尚未提及的一些原因，想要实现一致性沟通确实存在着重重障碍。

话虽如此，但第三度诞生并不是一个遥不可及无法通向的目的地。萨提亚经过多年的探索，总结出了一套行之有效的方法，不仅能帮助我们明白什么是表里一致，更能让我们做到一致性沟通。

在详细介绍这套方法之前，不妨先来看看一致性沟通能够发挥什么样的作用。

以下是一个名叫"小新"（化名）的女性来访者的自述。小新离婚了，离婚时和婆家及前夫闹得很不愉快，但是又很想念孩子，总会因为探望孩子而与前夫发生冲突。案例中，小新描述了自己迈向一致性沟通的心路历程，以及这种沟通方式的转变对她生活的影响。

我和丽娃老师认识近三年了，也一直在跟着老师学习。昨天，也就是上星期日，发生了一件让我感到很棘手的事情。

本来上星期二和前夫约好昨天与孩子见面的，于是我昨天一直在等他的电话。下午，我给他发了一条信息，想确认我们还要不要见面。过去两年多，他总会以各种名义不让我见孩子，虽然每个星期我都会联系前夫，但是我每年只能见到孩子10次左右。常常我给他发了好几条信息他都不回，语音通话也不接，电话关机，我甚至怀疑他已经把我加入黑名单了，一想到这些我就感到特别生气！

同时，我还脑补了很多稍后要是见到他时骂他的话。可是，就在一瞬间，我突然觉得我需要冷静下来等一等，如果我还是用以前惯用的方式，那么我还是无法改善我们的关系，于是我想到了丽娃老师，便给老师发了一条信息，问她："我现在是要到前婆婆家见孩子，还是就这样再也不联系了？"老师回复我："你是不是很想见孩子？那就去见见。"我又回复说："这次我要争夺抚养权，不想总是这样承受思念之苦。"

第一部分
沟通的全新升级

我开启了非黑即白的极端想法，拿着给孩子买的玩具和衣服就打车过去了。在车上，我一直对自己说，冷静、再等一等、再等一等，就像等一场雨下完。

下车时，正好看到前夫拿着给孩子买的文具回来，我刚想冲上去质问他，一个声音在告诉我：一致性、一致性……

他看见我，皱了皱眉。我平和地对他说："咱们约好的见面，你还记得吗？我一直在等你的消息，但联系不上你。我好久没见到孩子了，想见见他。"

也许是这一次我的平静影响到他了，本以为他又要说他之前总爱说的那句"跟你说过多少次了，要是我不同意你就不能见孩子"，但这次他皱皱眉后跟我说："我手机丢了，刚买了部手机，补了张卡。"

我那颗将要"迎战"的心，因为一直默念"冷静、再等一等、一致性……"而变得不那么焦虑。听到他的解释，我忽然有一种雨后晴天的感觉，甚至还对他笑了笑。

上楼后，我见到了前婆婆和二姨（前婆婆的妹妹），我问了问孩子最近的情况。即便是面对她们的指责，我也能以比较平静的方式来回应了。

前婆婆说："你这头发颜色太难看了，不如以前好看……孩子小时候也不知道你是怎么带的，他的牙都是黑的。"

我说："孩子有不好的地方，我们也很着急。我还专门问了牙医，说因为他的乳牙长得太快，牙龈的发育没跟上，换牙时多加注意，只要他恒牙长得好，以后就没问题了。"

二姨说："现在他刚长起来的两颗牙都凸出来了，前几天还带他去医院磨了磨。"

我说："你们带他去医院辛苦了，照顾孩子真的很不容易，可以让他吃一些稍微硬的东西，让旧的牙齿快点脱落。"

几轮下来，她们对我再也没有用指责的语气，还和我说了说孩子其他方面的情况。

这次，由于和他们的沟通方式与之前不同了，大家对我的态度和沟通方式也大不相同，我感到了一直卡着的部分松动了些（我因为婆媳关系不好而与前夫离婚，他一直站在他妈妈那边，不愿意听我解释），这次前夫也很中立地说了一些话。

那一瞬间，我感受到了爱的流动，从老师流向我——我一直在努力练习一致性沟通——又流向家人。家人给了我不一样的反馈，然后又流回到我这里，暖暖的。那一刻，我的眼泪止不住地流出来，我觉得那是身体的"流动"源源不断冒出来的、很澎湃的感觉。那是一种温柔而坚定的价值感，可以觉察到自己的真实感受，并能表达出来，真是太好了！当与自己联结时，也能让身边的人感受到。

那种关系从"卡住一动不动"到"流动"的这三年时间，让我改变了一些固有观念和价值体系。这让生活越来越滋养我，生活也变得越来越幸福，感谢遇见萨提亚模式，也感谢老师多年的陪伴。

这就是一致性沟通的强大力量，它可以迅速改善因关系恶化而导致的种种问题，而且几乎是在运用一致性沟通的当下，就能让人体验到那种强大的力量。

操作方法

玛利亚·葛莫莉（Maria Gomori）是《萨提亚家庭治疗模式》(*The Satir Model: Family Therapy and Beyond*)的合著者之一，也是萨提亚模式最早的合作教学者。

有人问玛利亚·葛莫莉，什么是一致性以及如何做到一致性？以下这段对话还原了这个问答过程。

问：什么是一致性？

玛利亚·葛莫莉：在萨提亚模式中，最重要的就是一致性沟通。简单来说，就是对自己真实。当我做到一致性的时候，我可以觉察我的感觉和想法，我可以选择是否与他人分享，我永远都可以选择与决定如何与人联结，我不会骗自己，假装成不是自己的那个人。

问：如何做到一致性？

玛利亚·葛莫莉：首先就是要与自己一致。当我生气的时候，我承认；当我难过的时候，我接纳；当我害怕的时候，我可以和我觉得重要的人说我的害怕。也就是说，我不会也不需要隐藏我的情绪。但我们在家庭里，都学到不要一致性，因为在多数的家庭中，父母都害怕分享自己，所以孩子学到了自我保护。自我保护成为一种求生存的方式，因此没有办法实现一致性。

接下来，将详述如何与自己一致。

第1步：接触与承认

接触，就是接触自己的感觉、情绪和想法。

当因为发生了什么事而感受到呼吸急促、心跳加快时，可以稍微停下来问问自己：我感觉到什么样的情绪？我此时此刻在想什么？

从小到大，我们都被训练成要时时刻刻关注外部世界，因而往往会忽略自己的内心世界发生了什么，这导致大多数人缺乏对内心世界的觉察能力。

对于这些人来说，之所以无法做到表里一致，是因为他们根本不清楚自己的"里"，故无法让自己的"表"与"里"一致。

想要做到表里一致，最根本的条件就是接触自己内心的真实感受。然而，有的人对此感到容易，有的人则对此感到无比困难——因为后者对情绪感受非常陌生，不清楚自己在过去的什么时间产生了什么样的情绪感受。

要想突破这个困难，身体线索（即伴随情绪感受的出现而发生的身体感觉变化）是关键。那些善于觉察自己情绪感受的人，其实就是善于觉察自己的身体线索。

有些人在接触和发现感觉与身体线索之后，会否认它们的存在。这就像是给感受加上了一个坚硬的外壳，虽然可以触摸，却难以触及其里。因此，承认感受的存在也是非常重要的，承认会让感受保持它原本的样子，而不是带着厚厚的外壳。

通过一段时间基于身体线索探索情绪感受的练习，可以非常有效地拉近自己和情绪感受的距离，从而做到接触。

第2步：接纳

接触与承认感受、情绪和想法之后，就是接纳。

要做到接纳，最简单的方法就是进行这样的自我对话：

- 是的，此时此刻我……

- 是的，我在这件事情上感到……

接纳真实感受的难点不在于接纳积极情感，而在于大多数人习惯于否定消极情感。比如："我没有不开心。""我没有生气。""我没有嫉妒。"因为很多人似乎都认为，有消极情绪就意味着自己过得不好或存在某种问题，所以极力否定自己的消极情绪。之所以有这样的想法，是因为他们没有发现消极情绪蕴含的巨大价值。

其实，**消极情绪并非一定要摒弃的垃圾，而是宝藏**。消极情绪就像一个温度计，可以帮助我们快速测量外在世界发生的一切是否符合我们的内心世界。如果不符合，消极情绪的具体类型就可以帮助我们了解偏差的内容是什么方向的。比如，愤怒往往代表着有某件事物侵犯了我们的边界，焦虑代表着我们认为自己的准备不够充分等。**如果我们能够接纳消极情绪，就能去开采里面的宝藏，并将这种消极情绪蕴含的信息运用到一致性表达中。**

第3步：表达

正如玛利亚·葛莫莉所述，"不需要隐藏自己的情绪"。因此，**我们需要表达自己的真实感受**。当然，我们在表达之前还是可以思考要如何表达，从而起到更好的效果。

表达真实感受并非不经措辞的横冲直撞，而是将真实感受融入表达内容中，还要以兼顾自己的真实感受和彼此的舒适度的方式措辞，这样才能够实现良好的一致性沟通效果。

今日功课

请按照下面的指导开始练习。在回答以下问题的过程中，尽量运用直觉来操作。

第1步：写下一个你之前没有一致性沟通的对话。在这个对话中，你的主观感受是什么？你的客观表达是什么？这里的不一致带来了什么影响？

第2步：如果当时可以用一致性沟通，该如何表达？

（1）接触与承认：当时你有什么身体线索？你的真实感受是什么？

（2）接纳：是否存在某些想法、渴望或期待？阻碍你接纳这份真实感受的是什么？你为什么想否定它？在你摆脱这些否定之后，你感觉到了什么？

（3）表达：如何将你的真实感受融入表达中？什么样的措辞能够兼顾自己的真实感受和彼此的舒适度？

第3步：如果你能够做到这样的一致性沟通，那么沟通效果可能会发生什么样的改变？

可以运用不同的事例，重复这个过程5~10次，直到你觉得你已经熟练掌握了一致性沟通的方法。然后，你就需要在实际的沟通中大量地尝试运用了，直到你可以下意识地使用一致性沟通，就说明你彻底完成了自己沟通方式的全新蜕变。

经过以上练习，你应该能够了解不一致沟通的巨大危害，并能朝着一致性沟通的方向练习了。第2课将介绍不一致沟通的方式，以让我们更加具体地了解我们日常沟通中发生的问题到底出在哪里。

第 2 课

不一致沟通的方式
讨好、指责、超理智还是打岔

知识讲解

第1课我们讲了不一致沟通,这节课将更深入地探索几种不一致沟通的具体方式。

先来思考一种情境:如果有人对你说"我感觉你有一些问题",那么在下列几种回应中,哪种是你最常用的应对方式?

A:请你说一说我有什么问题,我可以尽力地改善。
B:你觉得我有问题,一直以来我还觉得你有问题呢!
C:我们可以探讨一下,这个问题是你的主观看法,还是客观存在的呢?
D:问题不是总有嘛!哦,对了,我昨天发现一件特别神奇的事情……

以上这四种回答背后的不同模式,其实就是萨提亚经过多年探索以后总结出来的四种不一致沟通的具体方式,这在萨提亚模式中被称作"不良沟通姿态"(又称"生存姿态"或"沟通应对方式")。

这四种为了获取生存空间的不良沟通姿态如下。

A:**讨好**,即在沟通中通过讨好沟通对象、趋向沟通对象以获得生存空间的沟通姿态。

B:**指责**,即在沟通中通过指责沟通对象、远离沟通对象以获得生存空间的沟通姿态。

C：**超理智**，即在和沟通对象沟通中运用理性的方式，通过限制沟通方式以获得生存空间的沟通姿态。

D：**打岔**，即在和沟通对象的沟通中运用打岔的方式，通过限制沟通内容以获得生存空间的沟通姿态。

为什么人们会形成这些不良的沟通姿态呢？为什么需要通过维持这些不良的沟通姿态来获取生存空间呢？

在原生家庭中，亲子之间通常是孩子处于弱势地位。特别是对于倾向于运用权力影响力管教孩子的父母来说，孩子的这种弱势地位就更加明显了。

对于处于弱势地位的孩子来说，需要面对自己父母独特的情绪雷区，这对孩子来说就是潜在的危险。孩子需要找到有效的办法来应对这些"潜在的危险"，让自己获得安全的生存空间，这就是沟通姿态的由来。

在面对与父母相处中存在的潜在的危险时，有什么办法能够让自己更加安全呢？

- 有的孩子发现，如果能够通过各种办法**趋向父母**（讨好、迎合、听话等），就可以避免父母大部分的潜在情绪性攻击，从而形成了**讨好的沟通姿态**；
- 有的孩子发现，如果能够通过各种办法**远离父母**（指责、推远、反抗等），就可以避免父母大部分的潜在情绪性攻击，从而形成了**指责的沟通姿态**；
- 有的孩子发现，把沟通的方式维持在**理性探讨的部分**（事件、道理、分析、数据等），就可以避免父母大部分的潜在情绪性攻击，从而形成了**超理智的沟通姿态**；
- 还有的孩子发现，如果能够岔开话题，把沟通内容维持在**一些轻松的部分**（开玩笑、转移话题、回避等），就可以避免父母大部分的潜在情绪性攻击，从而形成了**打岔的沟通姿态**。

以上四种方式是孩子在原生家庭中形成的自我保护的沟通姿态，**虽然孩子在成年后会离开家庭独立生活，但是这种为了"求生存"而形成的沟通姿态并不会轻易改变**。这就导致了他们在成年以后，当面对具有潜在危险的威胁情境时，依然会自动化地采用这些不良方式进行沟通。然而，这会阻碍一致性沟通的发展，进而产生

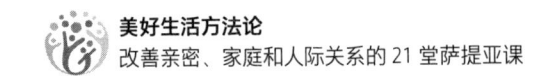

了在第 1 课中聊到的关系恶化现象。

你可能会说，这四种沟通姿态不是很常见吗？怎么就成了不良方式了？

这得从沟通过程的三个元素（以下简称为"沟通三元素"）说起，如下（见图 2-1）：

- 情境（context），即当下实际面临的情况，就是我们日常所说的事件；
- 自己（self），即在情境中的自己一方，重点是关于自己的渴望、期待、需求、想法和感受等；
- 他人（others），即在情境中的他人一方，重点是关于他人的渴望、期待、需求、想法和感受等。

图 2-1 沟通三元素

良好的沟通（即一致性沟通）就是兼顾这三个方面的沟通，如何实现这样的沟通是第 3 课的核心内容。

本课将重点介绍不同的沟通姿态会导致人们在沟通时忽视了哪种成分，这种忽视又产生了什么样的影响。

关于忽视的沟通成分及影响

讨好

讨好是一种趋向沟通对象（讨好、迎合、听话等）的沟通姿态，采用这种沟通姿态的人在沟通中考虑到了情境的需要和他人的需求、期待、渴望，让自己更多地关注情境和他人，却忽略了自己（见图 2-2）。

图 2-2 讨好的沟通姿态

持有这种沟通姿态的人会让人觉得他们很和善，处处为他人着想，有助于建立关系。然而，他们常常会感到委屈，因为他们完全忽略了自己的渴望、需求和感受，他们往往通过牺牲"自己"来对"情境"和"他人"妥协。妥协之后，自己的渴望、需求和感受却没有被自己关注到，被自己压到底层，同时也没有机会获得别人的关注，这会让他们觉得非常难受。

在萨提亚模式中，**讨好的沟通姿态的问题在于忽略了自己**，这样的人希望通过忽略自己来让一切事情都变得更好，可是这种方式却无法让他们获得自己期待的效果。由于他们持续不断地受着委屈，因此会让自己变得状态不佳或是对他人产生怨气，这会成为破坏关系的定时炸弹，在积累到一定程度之后，一旦他们无法继续承受就会爆炸，进而影响人际关系。

指责

指责是一种远离沟通对象（指责、推远、反抗等）的沟通姿态，采用这种沟通姿态的人在沟通中考虑到了情境的需要和自己的需求，让自己更多地关注着情境和自己，却忽略了关注他人（见图 2-3）。

图 2-3 指责的沟通姿态

这种沟通姿态会让别人觉得他们很坚定、很果断，也容易让别人觉得他们很有力量，对于事情的推进很有帮助。然而，他们常常会感觉愤怒，因为他们忽略了他人的感受，他们往往将自己的情绪和情境的要求强加到他人的身上，完全不顾及他人的想法和感受，强势地要求他人听从这一切的安排。

在萨提亚模式中，**指责沟通姿态的问题在于忽略了他人**，这样的人希望通过让他人服从的方式来让一切都变得更好，可是这种方式却无法起到他们期待的效果。因为他人在受到指责以后会开始反抗这种指责，指责与反抗之间会产生越来越巨大的张力，这种张力会形成持续存在的矛盾和冲突，影响人际关系。

超理智

超理智是一种把沟通的方式维持在理性探讨部分（事件、道理、分析、数据等）的沟通姿态，采用这种沟通姿态的人在沟通中只考虑到了情境的需要，让一切都围绕着情境的需要来安排，却忽略了自己和他人的想法和感受（见图 2-4）。

图 2-4　超理智的沟通姿态

这种沟通姿态会让他人觉得他们很客观、知识丰富，也容易让别人觉得他们考虑问题很清晰，有助于他们更好地看清问题所在。

可是，他们会常常被人觉得冷漠无情，因为他们忽略了自己和他人的感受部分，他们往往会按照情境的需要来应对与生活，完全不在意在这个满足情境需要的过程中自己和他人是否舒适。

在萨提亚模式中，**超理智的沟通姿态的问题在于忽略了人（包括自己和他人）**，他们希望通过把"事"（情境）做好的方式来让一切都变得更好，可是这种方式却无法让他们获得自己期待的效果。因为虽然"事"能够得到最好的安排，但如

第一部分
沟通的全新升级

果这种安排让"人"不舒服，就无法让安排得到落实，还会让人持续处于不满之中，影响人际关系。

打岔

打岔是一种把沟通内容维持在轻松部分（开玩笑、转移话题、回避）的沟通姿态，采用这种沟通姿态的人在沟通中完全忽略了当下的一切（情境、自己和他人），避免当下有压力的一切对自己的打扰，以维持在虚假的放松状态中（见图2-5）。

图 2-5 打岔的沟通姿态

这种沟通姿态会让人觉得他们很洒脱，也容易让人觉得他们很轻松愉快、幽默好玩，也能够帮助他们减轻对于当下事物的压力。

可是，他们常会让人感觉是在逃避事情，因为他们忽略眼前所面对的一切，完全不想要面对这些让自己有压力、烦心的事情，他们既不想碰触这些事情，也不想处理它们。

在萨提亚模式中，**打岔的沟通姿态的问题在于忽略了当下（包括情境、自己和他人）**，他们希望借助把注意转移到当下以外的方式，让一切都变得更好，可是这种方式却无法让他们获得自己期待的效果。因为虽然不去面对当下能让他们暂时忘却烦恼，却会让问题无法得到有效的处理。随着时间的推移，问题积攒得越来越多，也变得越来越严重，最终会造成更大范围的危害，也影响了人际关系。

关于四种沟通姿态的实际案例

一对年轻夫妇一起去逛街，妻子看中了一个包，价格已经超出了他们能够承受的范围，但是妻子还是坚持想要买下这个包。如果丈夫采用不同的沟通姿态，妻子会有什么不同的反应呢？

讨好的沟通姿态

妻子：我想买这个包。

丈夫：我给你买东西从来都不心疼，但咱们在这个月要还房贷，还得交一笔保险费。你再考虑一下，好不好？

丈夫认为这个包太贵了，心里不希望妻子买。讨好的沟通姿态让丈夫没有直接表示反对，而是让妻子再考虑一下。

妻子：我都考虑好几遍了，我确实想要这个包。

丈夫：我能理解你想买这个包，你确实有好长一段时间没买包了，但我也希望你能适当地考虑一下咱们家最近的情况，经济的确挺紧张的，你能不能过一段时间再来买呢？

丈夫心想："你看，我又让步了，我已经很在意你的感受了，你是不是也可以做出一些让步？"

妻子：我都说了，我现在就要买这个包，你就说买不买吧？

丈夫：买买买，怎么能不买呢！你说买就买，只要你高兴就行！

丈夫心里非常不爽，想："这个时候明明就不该买这个包，还非得要买。你怎么不考虑我的想法和感受，也不考虑家里的实际经济状况呢？"丈夫对接下来需要支付的各种费用感到焦虑，也会对未来与妻子的相处感到担忧。

指责的沟通姿态

妻子：我想买这个包。

丈夫：咱们这个月要还房贷，还得交一笔保险费，你还要买包，你觉得合适吗？

丈夫心想："她真是太过分了，完全不考虑家里的实际经济状况，也不考虑我的感受。我得好好说说她，否则她以后肯定得寸进尺。"

妻子：那你就努力赚钱啊！我不管，我就是喜欢这个包，你现在就买给我。

丈夫：我赚的钱不是大风吹来的，而且我赚的钱也不是让你浪费的啊！你就不能省着点花吗？咱家又不是什么大富大贵的人家，哪能买得起这么贵的包！

丈夫心想："我都这么说了她还坚持要买，这次要是同意，以后肯定会越来越过分，必须得让她知道我的态度。"

妻子：我就想买这个包，你就说买还是不买吧！

丈夫：不买，坚决不买。

丈夫心想："反正我明确表态了，她应该能稍微收敛一点了吧。"

超理智的沟通姿态

妻子：我想买这个包。

丈夫：关于这件事，我觉得咱们得好好研究一下，因为人在冲动的时候容易买一些自己不太需要的东西，只有在认真考虑之后，才能够做出明智的决定。

丈夫心想："看她的样子好像有点冲动，每次冲动的时候都花了不少钱，而且常常后悔，应该认真考虑。"

妻子：有什么考虑的！不就是买个包吗？有什么好思前想后的？我考虑好了，就是想买。

丈夫：咱们这个月要还房贷，还得交一笔保险费，我感觉在这个月买包不太明智，这样的购买行为会影响我们的经济能力。一旦经济能力受到影响，后果是很严重的。

丈夫认为，不应该这个时候买这个包，但她看起来好像不这么觉得，太冲动了，得制止她。

妻子：明不明智我自己还不知道吗？反正我就是喜欢这个包，我要买。

丈夫：你看我在和你探讨，你为什么不跟我探讨呢？这么冲动可不好，等你冷静下来，咱俩研究清楚了再说。

丈夫心想："看来她太冲动了，先让她冷静冷静再说，否则没办法好好探讨了。"

打岔的沟通姿态

妻子：我想买这个包。

丈夫：嗯，这个包不错。咱俩是来看电影的，电影一会儿就要开演了，你不是说你很期待那部电影吗？快走吧！

丈夫心想："本来就说要去看电影啊！看电影比较重要，得想办法赶紧去看电

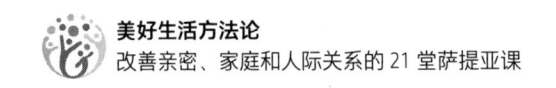

影才行。"

妻子：可是我就是想买这个包啊，买完包再去看电影。

丈夫：看电影多重要啊！这部电影可是我们期待很久的呀！上班的时候很多同事都在聊这个电影，再不看这个电影，到了公司跟同事就没话题可以聊了！我估计你是不知道那部电影有多好看，走吧走吧！

丈夫内心一片混乱，抓住看电影这件事情，能让他心里好过一点。

妻子：电影不看也行，包必须得买。

丈夫：要是不想看电影，那么我们可以去公园逛逛，听说今晚公园有表演！好久没看表演了。

丈夫感觉很混乱，头脑晕乎乎的。

操作方法

通过以上探讨，想必你能更深刻地理解这四种不良沟通姿态对生活和人际关系的影响。那我们要如何更好地体会自己在经历这些不良沟通姿态时的感受呢？

萨提亚模式分别为每种沟通模式加入了对应的身体姿态，以帮助我们更好地体验它们。

给沟通模式加入身体姿态

以下是《当我遇见一个人》[1]一书中的摘录：

沟通姿态是某一天我正在思考我所遇到的各种沟通应对方式时形成的。我头脑中自发地出现四种不同的行为应对方式，这与我多年来观察到的情况有着惊人的相似。这四种行为似乎都是为了生存，但表现出这些行为的人们却对此没有觉察。现在我相信一个人在内心感受和外部表现之间可能并不相同，我称之为不一致。这并不是新观点，但是我在其中增加了一个生动的身体姿态画面。

由于我认为身体姿态比言语更有效、更清晰，因此我发明了所谓的"沟通姿

---

[1] 援引自约翰·贝曼所著的《当我遇见一个人：维吉尼亚·萨提亚演讲集（第二版）》一书。

态"。我已经发现，特定类型的语言会伴随着特定类型的身体姿态和情感。我只是把它们加以扩展，变得更加夸张罢了。

为什么要用身体姿态呢？第一，因为身体姿态离体验更近，我们在做出特定身体姿态时往往会产生特定的感受。比如，在做伸展时会感到精神焕发，但做收缩时则会感到无精打采。第二，这样能给自己充分体会某个细微心理过程更多层面（如触发机制、身体信号、深刻影响等）的机会。

请你按照以下方式依次试着做。

- 单膝跪地，一只手掌心向上伸出（象征给予），另外一只手紧紧捂着胸口（象征保护自己）。说："只要你开心，我怎么做都行。"维持这个姿势大约一分钟，同时感受一下内在发生了什么。
- 挺直身体，向前伸出一只手并用食指指向对方（象征进攻），另外一只手放在腰际（象征坚定），皱眉，紧绷面部肌肉。说："你这么做不对，我来告诉你该怎么做。"维持这个姿势大约一分钟，同时察觉身体的感觉、心里的感受。
- 笔直站立，将胳膊放在身体两侧或交叉抱在胸前，并想象有个大铁圈套住了你的头部。说："只有理性探讨才有用，其他的方式都是浪费时间。"维持这个姿势大约一分钟，同时察觉全身上下哪里最有感觉？这种感觉让你想到什么？
- 半蹲，双膝内扣，眼光不与他人接触，头向一侧看过去，双手伸直，像 X 一样在身前不断交叉晃动，来回踱步，显得漫不经心，不知道自己要去哪里。说："没有属于我的地方，我不知道自己要去哪里。"维持这样的姿势并踱步大约一分钟，同时察觉身体哪里最有感觉，这种感觉又让你想到了什么。

当你依次按照上述方式（分别是讨好的身体姿态、指责的身体姿态、超理智的身体姿态、打岔的身体姿态）来做时，你分别有什么感觉？你有没有发现哪种沟通姿态是你习惯的、熟悉的？

对于上述方式的更多对比，见表 2-1。

表 2-1　　　　　　　　　　　四种身体姿态的对比

身体姿态	触发机制	身体信号	深层影响 心理影响	深层影响 生理影响
讨好的身体姿态	自己在乎的人提出的要求、请求	委屈感（感觉自己被忽视）	压抑、抑郁	引发情绪性身体不适（如消化系统、胃病、糖尿病、偏头痛、便秘）
指责的身体姿态	自己在乎的事	愤怒感（感觉自己被侵犯）	关系疏远	引发紧绷性身体不适（如肌肉紧张、心脏血管、关节炎、高血压、背部疾病）
超理智的身体姿态	需要认真面对的事物	木然感（感受力下降，理性增强）	缺少共情	引发免疫系统疾病（如肿瘤、淋巴疾病、心脏病等）
打岔的身体姿态	引起心烦的状况	逃避感（想远离、回避的感受）	难以应对应激	引发神经系统紊乱（如中枢神经系统、失衡、头昏眼花）

了解了上述方式后，希望你能做这样的练习：

- 分别带入四种沟通姿态，去感受各自的状态，进而在沟通时能够更好地理解对方；
- 了解自己的沟通姿态属于哪种，体会这种沟通姿态对自己的影响；
- 找一个朋友，与其轮流用上述四种沟通姿态去沟通，体验与不同沟通姿态的人沟通时的感受。

今日功课

请按照下面的指导开始练习。在回答以下问题的过程中，尽量运用直觉来操作。

第1步：回想你在面对重要他人有压力感的沟通情境中常会出现的自然反应（即惯常反应），你在面对这种情境时会有什么反应？这样的反应属于哪种沟通姿态?

第2步：在这个沟通姿态下，你有什么感受？你熟悉这种感受吗？

第3步：还有什么情境也会让你启动这种反应并运用这种沟通姿态？这些情境有什么共同特点？

第4步：这种沟通姿态对你的心理、生理和生活都产生了哪些影响？

经过以上练习，你应该能够了解自己有哪种沟通姿态，以及它对你会产生什么影响了。第3课将介绍如何摆脱沟通姿态的自动化模式，实现更加有效的一致性沟通。

第3课

学会一致性沟通
如何在沟通中兼顾自我、情境、他人

知识讲解

第2课介绍了四种不一致沟通的方式,这节课将深入研究如何摆脱沟通姿态的自动化模式,实现更加有效的一致性沟通。

尽管不良的沟通方式对生活产生了诸多负面影响,但是要改变并非一朝一夕之事。因为这些不良的沟通姿态是为了保护我们而存在的,也是长时间形成的自动化运作的心理机制。自动化心理机制简便、快捷,不需要思考过程的介入,只要出现了相应的触发条件就会立刻产生自动化的反应。就像是飞机上的自动驾驶系统,只要设定好了目的地,就可以自动飞到那里。但问题是,如果目的地设定错了,就会自动地飞到错误的地方。

第2课介绍的四种不良沟通姿态就是被错误设定目的地的自动运作机制,如果想去最终希望的目的地,就要先了解什么是正确的目的地,即如何做到一致性沟通。

第1课介绍了一致性沟通的基础知识,这节课则从沟通三元素的角度来介绍一致性沟通的深层部分。

基于沟通三元素,可以这样理解一致性沟通:在沟通过程中,个体能够做到兼顾情境(事件)、自己和他人的有效沟通。这个沟通既能有效处理情境(事件),又能让沟通双方的感受得到照顾（见图 2–1）。

第 2 课探讨了四种不良沟通姿态分别缺失什么元素，我们不妨从这个角度来思考如何找回这些缺失的元素。接下来，先从缺乏元素最多的打岔开始。

从打岔的沟通姿态看驾驭专注力的重要性

打岔的沟通姿态缺失哪些沟通元素呢？遗憾的是，全部缺失（见图 2–5）。

由于打岔的沟通姿态忽视了当下的一切，尤其是当下的状况是压力的状态，因为无法关注当下存在的状况，也无法根据当下的状况去沟通。这种方式将沟通内容僵化地限定在与当下无关的轻松范围内，最终阻碍了有效沟通的发生。

因此，做到一致性沟通的第一步就是将注意力聚焦在当下，即使当下要面对压力事件，也只有聚焦当下才有机会理解当下的情境，体会自己和他人的感受。当然，这并不是说只要专注当下就能够做到一致性沟通，但是如果不专注当下，就一定无法做到一致性沟通。

埃克哈特·托利（Eckhart Tolle）的著作《当下的力量》（*The Power of Now*）问世后，让人们关注当下，并在知识领域引发了一波"关注当下"的思潮。

很多人可能会觉得，很容易就能做到关注当下，但其实并非如此。不妨试着想象一下，当你在看一本有难度的书时、当你在听一些很无聊的内容时、当你心里惦记着一些重要的事情时，或是当你的身体处于不舒服的状态时，你是否能很轻松地保持专注？

并不轻松吧？其实，不仅如此，即使是在一般日常的场景（如吃饭、走路、洗澡）中，我们的专注力也会发生游移，即不再关注所做的这件事情本身，而是转移到其他事情上。尤其是会引起强烈情绪的情境（如遇到极度反感的问题、极度反感的工作任务等），更容易引起注意力游移。

专注力是和人类安全机制高度相关的心理过程，人类需要借此规避危险。因此，当我们因感到危险而缺乏安全感时，专注力会自动执行维持安全的任务，我们在这时就很难驾驭专注力，它会自动寻找逃跑路线，这和打岔的机制是高度相关的。如果我们能感觉到安全感，就能够松弛下来，这时，专注力就不再需要被强制性地支配，就可以自由地听从主人的安排了。

安全感的获得与自尊和自我价值感有关系，这些内容会在稍后探讨。

除了安全感以外，还需要有意识地驾驭专注力并刻意练习一些技巧，如冥想、瑜伽、正念等，其核心方法都是在进行某项活动的同时，注意和体会这项活动的整个过程，特别是这个过程中的每个细微之处。

对于沟通而言，驾驭专注力就是在日常沟通中练习关注和体会沟通过程的每个细节（即沟通三元素——情境、自己和他人），以及这些细节对于沟通的影响。其实，不论是讨好、指责还是超理智，在沟通三元素中都有比较容易关注的部分，每个人都可以根据各自的优势来学习，在沟通过程中全面地关注三元素。

从超理智的沟通姿态看如何有效处理情境（事件）

超理智的沟通姿态聚焦于情境（事件），但忽略了人（自己和他人）的元素（见图 2-4）。

有超理智的沟通姿态的人能够相对客观地看待情境（事件），而不是以某种主观视角扭曲地去看待。比如，像讨好的沟通姿态那样以他人为中心来构建情境，或是像指责的沟通姿态那样以自己为中心构建情境。这是因为这种人常以第三视角来看待一切。所谓"第三视角"，就是一种旁观者观察的视角，而非参与者的视角（即"我"视角或"你"视角）。以这个视角看待情境（事件），能够相对降低参与性主观视角造成的扭曲和偏见，也能够减少主观情绪的影响。

当然，这并不是说彻底地站在第三视角看待情境就能做到足够客观了，因为这种视角缺乏对人的主观感受的关注，即僵化地坚持第三视角，进而导致了"决定看起来不错，但是无法被有效地执行"。

另外，超理智的沟通姿态也是值得我们借鉴的，这种姿态能够在相对客观地看待情境后想办法应对情境（事件），而不是被失控的情绪控制。**应对情境，意味着积极思考解决问题的办法。**

从指责的沟通姿态看如何有效维护自我边界

指责的沟通姿态更聚焦于自己，并根据自己在意的部分构建了情境，缺乏对他人的关注（见图2–3）。

指责的沟通姿态在一定程度上缺乏共情能力，却能够很好地维持自己的边界，表达出自己的需求。因为指责沟通姿态以第一视角"我"来看待一切，让人产生力量感，进而推动世界向自己渴望的样子发展。超理智的沟通姿态和讨好的沟通姿态正是因为缺乏"我"视角，所以常常难以对外部环境和他人产生强大的推动力，而这正是指责的沟通姿态的优势所在。

当然，僵化地坚持"我"视角也会导致过度自我，让人觉得太过以自我为中心，难以产生良好的关系和长期的合作，这也是指责的沟通姿态所面临的实际问题。如果可以适当地坚持"我"视角，就能够在与他人的相处中做到独立、有力量，这是维护自我边界的心理基础。

如果我们在和他人的相处中没有设定好边界，我们的边界就容易被不断地侵犯。想要设定良好的人际边界，那么除了适当采用"我"视角，还需要不断地表达自我信息（如我的期待、渴望、需求、想法等）。

如果他人能够清楚地知道我们的内在信息，就能够明确我们的边界在哪里，从而在和我们的相处中顾及我们的感受和边界。

从讨好的沟通姿态看如何有效理解对方

讨好的沟通姿态更聚焦他人，并根据他人在意的部分构建情境，却忽视了自己（见图2–2）。

讨好的沟通姿态缺乏维护自我边界的能力，但在共情方面却很有优势，更有利于理解对方建立和维系关系。

讨好的沟通姿态长期采用第二视角"你"视角来看待一切，去试图体会他人的内心，更加注意他人的细微线索，能更好地了解他人的内心。这种心理过程就是共情。

只有通过共情，我们才能深刻地理解对方的内心和喜怒哀乐，与对方产生共鸣，这对人际关系是非常重要的，也是讨好的沟通姿态的优势所在。

然而，如果我们僵化地采用"你"视角，就会导致彻底以他人为中心，会为了他人的情绪而妥协，为了他人的需求而牺牲自己，我们自己则会因为无法坚守边界而感到委屈，这就是讨好的沟通姿态所面临的现实问题。

适当地采用"你"视角，有助于培养良好的共情能力，帮助我们获得大量关于对方的"你"信息（即对方的内心信息），进而促进与对方的良好沟通。

除了观察，还可以通过询问、交流、探讨等方式去深刻地理解对方。这样在沟通中，我们就能够用对方可以接受的方式去表达，对方也能够容易接受我们以及我们所说的话。

整体平衡的一致性沟通

一致性沟通不仅包含上述所有能力，还包含一种更加重要的新的能力——整体视角（它与单一视角相对），可以将其视为"第四视角"。

虽然超理智的沟通姿态、指责的沟通姿态和讨好的沟通姿态都很擅长运用某种视角，但都存在僵化地运用某种单一视角的问题，这样通常会导致自己在擅长的视角上有很好的表现，而在缺失的视角上总会出现问题。第四视角则是一种建立在系统观基础上的整体视角，既可以看到每一个单一部分，也可以看到在整体中的单一部分的相互作用。

我们对于专注力的有限性深有感触，因为我们很难同时注意到一个事物的多个方面。对于人类来说，单一视角是一种与生俱来的天然倾向，而整体视角则是需要通过努力不懈的刻意练习才能掌握的高级能力。

不论是中国古代经典《道德经》还是家庭治疗，最终发展出的系统治疗方法都遵循着以下思想。

- 任何一个整体的内部，各种元素之间都会不断互动，最终达到一种动态平衡；其中任何元素发生了改变，都会彻底改变这种动态平衡，让整体发生变化。
- 由于整体中的元素并不稳定，因此任何一个整体都在不断地发生变化，但变化的过程总是朝着重新达到动态平衡状态的方向发展。

- 动态平衡的本质就是每个内部元素的张力达到平衡，偏离这种状态的极端情况一旦出现也是暂时的，不会维持很长时间，最终总是能朝着这个平衡状态回归的方向发展。

基于这个思想，产生了许多经典的词汇，如"过犹不及""乐极生悲""否极泰来"等。这些词汇不仅体现了生活的智慧，还可以反映出一种重要的观念——系统平衡观：单一元素的"胜利"常常会导致系统的"失败"。只有实现系统平衡，才能让整个系统走向"胜利"。

对于沟通三元素来说也是一样的。**只有同时注重情境、自己和他人，让整个系统达到"平衡"，才可以走向沟通的"胜利"。**

在沟通三元素中，要想做到整体平衡的一致性沟通，就需注意以下两个要点：

- 通过整体视角兼顾情境、自己和他人及相互影响；
- 努力使沟通三元素（情境、自己和他人）达到平衡状态，让整体朝向更好的方向发展。

操作方法

想要实现系统平衡，就要学会采用整体视角（即第四视角），这就要求我们充分掌握第一视角、第二视角、第三视角，同时做到在不同视角间自由切换。而实现这个的前提，就是驾驭专注力，即专注当下。

因此，我们可以将第四视角及整体平衡的一致性沟通视为台阶的最顶端，借助一些必不可少的重要阶梯才能培养这种能力。

阶梯1：驾驭专注力的刻意练习

在每次沟通中，让自己专注当下，时时刻刻注意当下沟通的全过程，并体会彼此的心态在沟通过程中的变化。

阶梯 2：掌握单一视角的刻意练习

可以在和朋友的沟通中去练习单一视角，依次运用三种单一视角去体会沟通过程。包括以下三种练习。

- **客观理解情境的练习**：试着运用第三视角（即观察视角）去体会整个沟通过程，在整个过程中不去代入个人情感，尽量客观地理解情境本身。
- **深度共情对方的练习**：尝试运用第二视角（即"你"视角）去体会整个沟通过程，并在整个过程中不断地搜集关于对方心理状态的信息，尝试深度理解对方的内心状态。
- **维护个人边界的练习**：尝试运用第一视角（即"我"视角）去体会整个沟通过程，并在整个过程中不断地感受自己的期待、渴望和感受，尝试根据自己的感受维护心理边界。

阶梯 3：转换视角的刻意练习

找个朋友与你练习，在一次完整的交谈中尝试转换不同的视角（第一视角、第二视角、第三视角）去体会你们的沟通，提高灵活转换视角的能力。

阶梯 4：掌握第四视角的刻意练习

在沟通中尝试同时注意三个单一视角的不同信息，并注意沟通三元素的整体状态。是否存在哪个方面被更重视，或是哪个方面被忽略的情况？如果存在这样的情况，就对那个方面多加注意，直到你感觉自己可以均衡地注意到它们。

阶梯 5：兼顾沟通三元素的刻意练习

在第四视角的基础上，尝试让自己在沟通中兼顾情境、他人和自己三个方面。请按照以下顺序来思考：

- 情境如何？我的感受如何？对方的感受如何？
- 什么样的具体方式（语言、建议、解决问题的方式等）既能改善情境，又让我和对方都舒服？

借助这五个阶梯并加强练习，就能使一致性沟通内化为我们的新的自动化机制，最终彻底改变我们原来不良的沟通状态，使沟通变得有效，让我们所有的关系都得到改善。

今日功课

请按照下面的指导开始练习。在回答以下问题的过程中，尽量运用直觉来操作。

第1步：回想一段你认为效果不够好的沟通经历。在沟通过程中发生了什么？你对沟通三元素更关注什么，忽略了什么？

第2步：运用第三视角（即观察视角），这次沟通本身是想要解决什么现实问题或实现什么目的？是什么导致了问题没有解决或目的没有实现？

第3步：运用第二视角（即"你"视角），对方在这次沟通中有什么感受？是什么导致了对方感觉不够舒适？对方的期待、渴望是什么？

第4步：运用第一视角（即"我"视角），你在这次沟通中有什么感受？是什么导致了你感觉不够舒适？你的期待、渴望是什么？

第5步：运用第四视角（即整体视角），你和对方在互动过程中，如何导致了沟通目的没有实现？沟通三元素之间产生了什么样的相互作用？

第6步：构想一个更好的、能兼顾沟通三元素的具体方式和沟通过程，它是什么样的？如果将其运用到沟通中，会起到什么样的效果？

经过以上练习，你应该能够更好地掌握一致性沟通了，希望你能在今后的日子里运用它去改善你的人际关系和你的生活。第4课将介绍当我们面对各种不一致沟通方式时应该如何面对与处理。

第 4 课

应对不一致沟通
如何面对讨好、指责、超理智和打岔

知识讲解

第 3 课介绍了如何做到一致性沟通，这节课将探讨如何应对各种不一致沟通。

请思考：如果我们能做到一致性沟通，而对方处于某种僵化的沟通姿态中，接下来会发生什么？

有这样的两种可能：一是对方把我们带到僵化的沟通姿态中；二是我们把对方带到一致性沟通中。到底会产生哪种结果，取决于我们沟通能力的强弱，即我们是否有能力有效地应对不同的不良沟通姿态，而且能够和对方共同实现一致性沟通。

要想引导对方进入一致性沟通，要比单一的只是我们自己做到一致性沟通难得多。因为我们自己做到一致性沟通，相当于只需要了解一条可以让我们走出去的路，而在一个沟通的情境中帮助别人做到一致性沟通就不仅仅要知道所有走出去的路，还需要知道如何找到适合用于对方的走出去的路。

如何能找到走出去的路？请你反思你在日常生活中计划路线的方法：确定出发地和目的地，介于这两个地方之间的路径就是走出去的路。

同理，引导对方走出僵化的不良沟通姿态也是一样的。

- **目的地**：实现一致性沟通，即情境、自己、他人三元素平衡。

第一部分
沟通的全新升级

- **出发地**：识别对方的不良沟通姿态，了解每种不良沟通姿态运作的机制。
- **路径**：引导对方走出不良沟通姿态，实现一致性沟通。

第3课介绍了去目的地的方法，接下来将详细介绍出发地和路径。

出发地：关于沟通姿态的运作机制与识别方法

我们先来探讨是否存在着一种能引发个体运用沟通姿态的核心因素？请回忆沟通姿态的发展由来：它是人们在童年时期为了规避与养育者相处中的危险状态，为了求生存而形成的一种自动化自我保护机制。也就是说，一旦感觉到危险状态，人们就会自动启动沟通姿态以远离危险。

当然，这里的重点在于"感觉到危险状态"而非"处于危险状态"，二者的区别为："处于"意味着客观层面存在危险，而"感觉"则意味着主观层面感到危险。也就是说，存在着许多客观没有危险却在主观感到危险的情况，这时就会启动沟通姿态。

如何知道个体是否存在主观感到危险的情况呢？找到这个问题的答案非常关键，因为一旦知道了这一点，我们就知道了启动沟通姿态的按钮是什么，从而预测个体是否会启动沟通姿态，也能够知道该如何控制启动按钮以避免或停止沟通姿态的运作了。

请思考：当我们主观感到危险时，我们会产生什么感觉信号？感觉到了什么？

我们会感觉到压力，因此引发主观感到危险的感觉信号就是压力，也就是说，**当我们感觉到压力时，就会自动启动沟通姿态**。

可以这样表示这个过程：

在人际关系（或原生家庭）中求得安全的渴望→主观感到危险→**感到压力**→启动沟通姿态→获得习惯的人际状态→获得人际关系中的安全感。

在这个过程中：因为"感到压力"之前的部分都是深层次的内在运作过程，所以我们无法感知；而在"感到压力"之后的部分启动了沟通姿态。因此，"**感到压**

力"是整个过程中最重要的感觉信号，也是我们可以调控沟通姿态的控制按钮。

基于这种认识，我们可以得出以下结论：

- 感到压力会启动不良沟通姿态；
- 感到压力时有一系列的生理线索可以被觉察，包括内部生理线索（如身体肌肉紧绷、心里感觉不舒适、处于消极情绪中等）和外部生理线索（如身体动作僵化不自然，表现出消极情绪的微表情，语言变得刻板、局限、模式化）；
- 在沟通中避免让对方感到压力，可以避免对方启动不良沟通姿态；
- 如果对方已经启动了不良沟通姿态，那么可以帮助对方走出压力状态的，从而缓解对方不良沟通姿态的自动化运作，这是帮助对方从不良沟通姿态走向一致性沟通的前提。

接下来，我们需要解决两个非常重要的问题，具体解读见表4-1。

- 不同的沟通姿态在感到压力时，有哪些比较明显的线索可以帮助我们识别？
- 如何帮助对方有效地走出感到压力的状态？

表 4-1　　　　　　　　　　　四种不良沟通姿态的情况

沟通姿态	讨好者	指责者	超理智者	打岔者
感到压力	在乎的人产生消极情绪	自己的界限被侵犯	面临的问题很棘手	需要处理很复杂的情况
具体表现	以对方的渴望为核心行动。这种运作的主要方向是如何让他人回到舒适中，但在这个过程中常常会忽略自己的感受	告诉对方不可以这样做，要求对方调整。这种运作的主要方向是如何让自己回到舒适中，但在这个过程中常常会忽略他人的感受	集中注意力去分析想要解决的问题。这种运作的主要方向是如何让情境中的问题得到解决，但在这个过程中常常会忽略人（自己和他人）的感受	想办法远离这些情况，避免正面面对。这种运作的主要方向是如何让自己不被打扰，但在这个过程中常常会忽略当下的一切
解压方法	探索自己已经做了的部分，以降低自责感	探索他人的积极意图部分，以降低愤怒感	探索各方平衡方案，以降低焦虑感	探索解决复杂问题的快速应对方案，以降低烦躁感

路径：增添理论

也许有时会像上面描述得那么顺利，只要改善对方感到压力的状态，对方就能走出不良沟通姿态的自动化运作。然而，实际情况往往是即使能改善对方感到压力的状态，而且对方也想改善不良沟通姿态，但由于缺少一致性沟通的经验和能力，也会导致无法进行更加有效的沟通。这时，我们就需要引导对方从不良沟通姿态走向一致性沟通（见表 4-2）。在萨提亚模式中，将其称为"增添理论"，意味着"缺什么补什么"。

表 4-2　　　　关于四种沟通姿态的增添理论解释

沟通姿态	讨好者	指责者	超理智者	打岔者
缺失元素	对自己的关注	对他人的关注	对双方感受的关注	对当下状况的关注
增添部分	增添自我觉察、自我关怀、自我感受	增添加对他人的理解，共情他人的感受，了解他人的期待、渴望	增添加关注自己和他人的感受，关注彼此对于情境的舒适感	增添加对于当下的关注能力，找到改善当下的方案
提问方向	• 我做了什么 • 我为什么不需要自责 • 我感觉如何 • 我的期待、渴望是什么 • 如何让我感到舒服的同时也让对方感到舒服	• 他人的积极意图是什么 • 为什么无须对他人的做法感到愤怒 • 他人的感受如何 • 他人的期待、渴望是什么 • 如何让我感到舒服的同时也让对方感到舒服	• 我的感觉如何 • 我的期待、渴望是什么 • 他人的感觉如何 • 他人的期待、渴望是什么 • 什么样的解决方案能让彼此都感到舒服	• 当下发生了什么 • 这些状况对我的生活有什么影响 • 做些什么可以改善这个状况 • 如何让我感到舒服的同时也让对方感到舒服，并能解决问题

操作方法

首先，识别对方沟通姿态的类型（见表 4-3）。

表 4-3　　　　　　　　　　识别四种沟通姿态的方法

沟通姿态	讨好者	指责者	超理智者	打岔者
感到压力	在乎的人产生消极情绪	自己的界限被侵犯	面临的问题很棘手	需要处理很复杂的情况
具体表现	以对方的期待、渴望为核心行动	告诉对方不可以这样做，要求对方调整	专注分析想要解决的问题	想办法远离这些情况，避免正面面对

其次，帮助对方解压（见表 4-4）。

表 4-4　　　　　　　　　　四种沟通姿态的解压方法

沟通姿态	讨好者	指责者	超理智者	打岔者
解压方法	探索自己已经做了的部分，以降低自责感	探索他人的积极意图部分，以降低愤怒感	探索各方平衡方案，以降低焦虑感	探索快速应对方案，以降低烦躁感

最后，引导对方增添需要补充的元素（见表 4-5）。

表 4-5　　　　　　　　　　四种沟通姿态需要补充的元素

沟通姿态	讨好者	指责者	超理智者	打岔者
缺失元素	对自己的关注	对他人的关注	对双方感受的关注	对当下状况的关注
增添元素	增添自我觉察、自我关怀，多关注自己的感受	增添对他人的理解，共情他人的感受，以及了解他人的期待、渴望	增添关注自己和他人的感受，关注彼此对于情境的舒适感	增添对于当下的关注能力，找到改善当下的方案

讨好的沟通姿态案例

你：我看你今天一早上都闷闷不乐，是因为什么呢？

讨好者：你昨晚和我说的那件事呢，其实我不太想答应，但是我后来看你挺不开心的，就答应了。

你：你不想答应我，为什么后来又答应了呢？

讨好者：因为我感觉你的不开心是因为我不答应而导致的，我对这个很自责，我不想这样。即使我不开心，我也希望你能开心。

你：好像每次我们一起商量事情的时候，如果我不太开心，你都会这样委屈自己，是吧？

讨好者：是啊，就是希望用各种方式哄你开心，因为我肯定是不能不理睬你啊。其实，只要你不开心，我就会觉得是因为我做得不好，所以你才会这样的，我会为此感到自责。

你：你都为我做了那么多了，还要那么自责吗？

讨好者：你说得也是，好像真的不用那么自责。

你：如果不那么自责，那么你真正想要对我表达的是什么？

讨好者：我就是希望你能开心。

你：如果在考虑我的感受的同时也考虑你自己的感受呢？也就是说，不仅让我开心，也让你开心，这样你觉得如何？

讨好者：那确实更好，其实我需要告诉你我具体在什么地方感到不舒服，这样最终也许可以形成一个让我们都满意的解决方案，而不是一直处于你开心我委屈或是我不委屈但你不开心的状态中。

你：如果能这样，你心里会不会舒服一些呢？

讨好者：的确。以前每次妥协之后我都会不开心，实在绷不住了还会对你爆发。要是按照我们刚刚讨论的那么做，估计就会好很多。

重点提示：增加自我觉察、自我关怀、自我感受，实现一致性沟通。

指责沟通姿态案例

你：我觉得你看起来非常生气，是因为刚才我们的沟通吗？

指责者：嗯，我觉得你跟我提的要求非常过分。

你：我其实也是很希望咱们能越来越好，让我们一起好好解决问题，好吗？你能说说你为什么生气吗？

指责者：因为我感觉你好像是故意要气我，明知道我不想要你这么做，你却非要这样做不可。

你：那么，你觉得我提的要求有没有正向的意图呢？如果有，会是什么呢？

指责者：嗯……你细想想，的确有，你也是希望能改善我们的生活。

你：在你了解我的意图之后，你还会那么生气吗？

指责者：没那么生气了。

你：如果你不那么生气了，那么你真正想要表达的是什么？

指责者：我就是想让你知道我的感受。

你：如果我愿意了解和重视你的感受，那么你也愿意了解和重视我的感受吗？让我们一起来找一个让彼此都舒服的办法，好不好？

指责者：这个主意不错，我之前还真没想过。其实你想要实现的正向意图我是能够理解的，要是能换一个更好的方案，那么说不定我们都可以很满意。

你：好的，那让我们以后都更重视对方的意图和感受，这会改善我们的关系。

指责者：当然了，如果能够这样，你就不会那么不开心了，我也不用总生气了，这对我们都好。

重点提示：增加对他人的理解，共情他人的感受，了解他人的期待、渴望，以实现一致性沟通。

超理智的沟通姿态案例

你：你怎么愁眉苦脸的啊？

超理智者：你昨晚跟我说的那件事呢，我其实觉得这个要求不太合理，我和你讲事实、摆道理，可是说了那么多你也不听。咱俩每次都会聊成这个样子，然后就没有结果了。

你：我也很希望能解决这件事情。

超理智者：是啊，如果不解决，我就会总想着这事，这让我很焦虑。

你：对于我的要求，除了你觉得最正确的方案以外，是否存在我们都能够接受的方案？

超理智者：确实有两三种可能的方案，与我之前说的方案相比，我们双方可能都会接受。

你：如果我们去聊聊这些方案，会缓解你的焦虑吗？

超理智者：嗯，我觉得会的。

你：如果你的焦虑缓解了一些，那么你真正想要的是什么？

超理智者：我就是想妥善解决这个问题。

你：如果把我们的感受也考虑进来，那么是否能有助于妥善解决这个问题呢？假如我们能够想到一个彼此都能够接受的方案，你觉得如何？

超理智者：嗯，这个方向的确值得去尝试。我确实也应该多考虑你和我的感受，而不是只坚持最能解决问题的方案，让我们彼此都舒服也很重要。

你：我很赞同，那你现在感觉这样做对于我们会有什么不同呢？

超理智者：这么做估计不会让你觉得我太冷血、不理解你。你能感觉自己的感受被重视，也会更容易接受我的提议。

重点提示：增加关注自己和他人的感受、关注彼此对于情境的舒适感，实现一致性沟通。

打岔的沟通姿态案例

你：在我想和你讨论什么事情的时候，我感觉你总是不接我的话，而是转向其他的话题。

打岔者：我承认你说的，有时我真不知道该怎么接，就转移话题了。我也意识到，每次我这么说的时候你都不太开心。

你：是的，我因为你不愿意同我一起讨论而不满。

打岔者：因为我常常觉得，要是把某件事情聊清楚会很麻烦，尤其是有些事情，在我们最开始聊的时候我就感觉很棘手，但你还总想跟我讲清楚，我就在你每次你提起麻烦事的时候感到很烦躁。

你：那么对于我的想法，有没有能够快速解决的办法呢？

打岔者：好像也有吧……达成你的基本要求也不是特别难。

你：现在，你的烦躁与之前相比有缓和吗？

打岔者：好像好一些了。快刀斩乱麻，咱们抓紧想到一个解决方案，就不会总因为这件事而伤脑筋了。

你：如果你不那么烦躁了，那么你真正想要表达的是什么？

打岔者：我希望你来想一个方案，只要我能接受就行。

你：如果是由我们一起去想办法解决，会不会想出更好的解决方案？有没有什么解决办法能让我们彼此都接受呢？

打岔者：确实，其实要是之前我和你一起想办法，也许这个问题早就解决了。我们可以心平气和地好好谈一次，一次性地解决这个问题，以后就不用再为这件事而心烦了。

你：你感觉咱们这么做，会有改善吗？

打岔者：我相信咱们能很好地解决这件事，一切都会好起来的。

重点提示：提高关注当下的能力，找到改善当下的方案，实现一致性沟通。

今日功课

请按照下面的指导开始练习。在回答以下问题的过程中，尽量运用直觉来操作。

第 1 步：回想一个你感觉对方采用某种不良沟通姿态的经历，思考在整个沟通过程中发生了什么。

第 2 步：对方采用了哪种不良沟通姿态？你是如何知道对方采用了这种沟通姿态的？

第 3 步：如何表达能够帮助对方走出感到压力的状态？如果你这样表达，对方可能会有什么感受？

第 4 步：如何表达能够帮助对方增添沟通时缺失的元素？如果你这样表达，对方可能会有什么改变？

经过以上练习，你应该能够更好地掌握如何应对以及帮助采用各种不良沟通姿态的人走向一致性沟通了。第 5 课将探索如何去除引发误解的认知滤镜，这会让我们的生活发生变化。

第5课

去除引发误解的认知滤镜
理解信息加工过程的六种成分

知识讲解

前几节课介绍了沟通姿态。其实,除了沟通姿态外,还存在一些更深层次的会导致不一致沟通的因素,它们比沟通姿态的影响更加深远,我们将它们称为"认知滤镜"。

请大家看以下的例子。

A:我这么关心你,你还不高兴,简直是身在福中不知福。

B:我不这么认为,我觉得你是在以"关心"的名义来控制我,这简直让我苦不堪言,我当然会不高兴了!

同样是 A 对 B 的行为,让两人产生了截然不同的理解和看法,这样的情况在我们的日常生活中很常见。那么,A 到底是在关心 B,还是在控制 B 呢?为什么同样一个行为会引发不同的理解和看法呢?

寻求这个问题的答案的过程,就是对认知滤镜到底给我们的沟通造成了多大的障碍的探索,也是对"误解"起源的深刻探究。

在萨提亚模式中,将对这个问题的探究及对其改善的探索的技术称为"互动成分技术"或"沟通要素技术",这项技术是萨提亚模式中最重要的三大技术之一〔另外两项技术为家庭重塑技术和个性部分舞会技术(又称"面貌万花筒"),会在

后续部分讲解]。

互动成分技术是上述三项技术中最晚出现的，它是萨提亚模式众多技术的核心精华的凝结。它直指问题的根本——沟通互动中的加工过程（即认知滤镜），这是决定所有沟通和关系的核心机制。我们借着梳理与探索互动成分，有机会真正实现一致性沟通。

所谓"互动成分"或"沟通要素"，就是每个人在沟通过程中所使用的认知模式。人们基于这套认知模式去解释、理解事物，进而形成自己看待事物的独特经验。人们在沟通交流互动中的每时每刻都会受这个过程的影响。

表 5-1 对比了语言表达和互动成分。可见，如果我们了解了互动成分，就找到了能够开启每个个体接收信息过程的钥匙。

表 5-1　　　　　　　　语言表达和互动成分的对比

语言表达	互动成分
沟通的浅层过程	沟通的深层过程
决定了传递什么信息（即发送信息）	决定了如何解读这些信息（即接收信息）

要想快速拥有这把钥匙，就要去尝试体会某些瞬间。虽然这些瞬间只是非常短暂的心理过程，但在我们的内心深处却经过了大量的加工处理。

如何认识这样的瞬间呢？不妨先来回想一句让你感到很生气的话，然后按以下步骤问自己一些问题。

问题 1：你听到了什么、看到了什么

客观描述你看到的、听到的，包括眼神、表情、身体姿势、肌肉紧绷的程度、肢体动作的快慢与幅度、声调高低与大小快慢等。你的答案揭示了未经解释的真实事实，这时所描述的是不掺杂认知加工的心理过程的觉察和了解，这些未经解释的事实也是即将发生的瞬时解释过程的基础。

问题 2：你为你看到的和听到的一切赋予了怎样的解释意义

用"我认为""我相信""我猜测""我想象""我假定"等句式来回答这个问题。你的答案揭示了你为事实经历赋予的瞬时解释，这是无意识认知加工过程的产物。经过这个过程让事实经历具有某种特定的意义，也是你对事件产生独特的个人理解的过程。基于你的个人理解，你有了对事实经历的意义判断（即"是什么意思"）和价值评判（即"是好是坏"）。

问题 3：你对自己的解释产生了什么情绪、感受

你的答案揭示了基于你的个人理解让你产生了什么样的情绪、感受，它们是无意识情绪感知过程的产物。经过这个过程，不仅让事实经历有了认知意义（即"对我有什么影响"），还产生了强烈的情感意义（即"让我产生了什么情绪、感受"）。

问题 4：你对这些情绪、感受又产生了什么样的情绪、感受

请用以下句式来问自己：

- 我如何看待自己的情绪、感受？
- 我可以允许自己有这样的情绪、感受吗？
- 我是否接纳自己有这样的情绪、感觉？
- 当我允许、接纳时，会对这样的情绪、感受产生什么样的情绪、感受？当我不允许、接纳时，又会对于这样的情绪、感受产生什么样的感受？

请用表示情绪的词语来回答，如高兴、难过、愤怒、担心、哀伤、忧郁、生气、受伤、害怕、悲伤等。你的答案是由更深层的无意识情绪感知过程所产生的。

问题 5：你运用了哪些防御方法

在压力下，你运用的不良沟通姿态其实就是在防御。你的答案揭示了你面对自己的感受（包括瞬时感受和感受的感受）时的应对方式，可能会通过各种防御方式（精神分析学派总结的人类在应对自己感受时的诸多方式，如压抑、否认、转移等），能帮助你降低感受对生活的影响，让你有办法优先处理事实，而不必非要处理感受不可。

问题 6：你在评价时运用了什么规则

你的答案揭示了你的解释和理解的规则（内心规则或家庭规则）基础。正是你的理解影响了你的感受（瞬时感受和感受的感受）及应对感受的方式（即防御方法）。因此，了解这些规则有助于你了解上述五个问题产生的根源，也有助于了解你的某个早已形成的规则是应该继续坚持、放弃，还是做适当调整。这有助于你修正自己理解问题的方式，以更好地适应当下的生活。

请思考以下问题：

- 当你应用这样的不良沟通姿态来应对反应时，是否想到是什么样的规则约束了自己？
- 你有没有受到什么约束？
- 你可以一致吗？

回答以上问题有助于你深入了解你的内心在接收信息的瞬间经历了什么样的过程，也就是下面列出的瞬间体验链条的每一环：

事实经历→（内心规则）[①]→瞬时解释→瞬时感受→感受的感受→防御方法。

对这个丰富却转瞬即逝的瞬间过程的觉察，有助于你了解自己内心运作的方式，进而找到有效改变的方法。

回顾本课开篇提到的 A 和 B 的例子，他们会如何回答这六个问题？以下是他们可能会经历的内在历程。

当 A 说"我这么关心你，你还不高兴，简直是身在福中不知福"，B 的内在历程如下。

事实经历（感官信息）：我看到 A 皱着眉头，眼睛睁得大大的，语速很快，音量比平常大。

瞬时解释（解释）：我认为他在强迫我接受他买的包。感觉他在控制我，强迫

[①] 之所以将"内心规则"放入括号中，是因为它是知觉作为加工滤镜的基础，个体在独特的内心规则的基础上对事实经历进行了个体性的加工，形成了自己独特的瞬时解释。

我接受他以"关心"名义买给我的东西。

瞬时感受（感受）：感觉生气。

后续感受（感受的感受）：对于自己的生气感到烦躁。

感受应对（应对方法）：为了捍卫我的主权，我想批评他（用指责的沟通方式）。

内心规则（说的约束）：我的原生家庭比较崇尚尊重彼此空间、给予对方充分的自由，这样的自作主张就是不尊重我。

经过这些内在历程，B 对 A 说："我不认为你在关心我，我觉得你是在以'关心'的名义控制我，这简直让我苦不堪言，我当然不高兴了。"在 A 听到这句话后，其内在历程如下。

事实经历（感官信息）：我看到 B 面部肌肉绷得紧紧的，音调很高，声音尖锐，一手叉腰，一手伸直食指指着我。

瞬时解释（解释）：她生气了，对于我的关心她一点也不领情，她拒绝了我的关心，她一点也不在乎我。

瞬时感受（感受）：感觉很受伤，太伤心了。

后续感受（感受的感受）：对于受伤、伤心感到羞愧。

感受应对（应对方法）：为了维护关系采用讨好的沟通姿态。

内心规则（说的约束）：我的原生家庭比较崇尚以和为贵，我应该低声下气，表达自己的错误，让她消消气，更加关心她。

于是，A 对 B 说："对不起！对不起！都是我的错……"

我们会看到这样的沟通会持续发展下去。

看到以上的描述，我们不仅明白了 A 和 B 这样表达与接收的内在历程，也能够理解导致 A 和 B 产生矛盾的根本原因。

最核心的原因在于，人们对事实经历做出解释的过程会不可避免地受到内心规则的强烈影响，因此人们常常并非客观地认识事实经历，而是主观地以内心规则作为衡量标准来定义事实经历的意义。这将导致人们会因为内心规则的不同而对同样的事实做出不同的解释和理解，从而埋下矛盾和冲突的种子。

更关键的是，这个过程会在瞬间完成，因此大多数人无法意识到自己的内在从"看到事实"到"产生解释"的过程中发生了什么。因此，人们强烈地认同自己的主观解释，认为这种主观解释就是对客观事实的真实反映，而不是一种经过认知滤镜扭曲后形成的主观判断。

如果 A 和 B 不能了解自己的信息加工过程，不能认识到自己的认知滤镜的存在，他们就无法发现矛盾产生的真正原因，也就无法改变这种冲突的状况。

萨提亚模式探索出互动成分就是为了帮助人们觉察到自己的信息加工过程，进而能够区分出事实经历和瞬时解释。随后，人们有可能会借此跳出僵化的内心规则，去看看这份事实经历里面还未被发现的更多意义。

这些影响人们认识事物意义的僵化内心规则主要源自人们原生家庭中的家庭规则，这些家庭规则虽然大部分已经不适用，但依旧借着认知加工过程时时刻刻对人们的生活产生不良影响。第 13 课将详细介绍发现家庭规则并将其转化为指南的技术，这些技术可以帮助人们去转化不再适宜的家庭规则，并借此转化内心规则。

转化内心规则非一日之功。在还没有转化内心规则时，有什么办法可以降低认知滤镜对人们的影响呢？

其实，僵化地相信瞬时解释是人际关系中大量存在的误解和冲突的根源，对于 A 和 B 之间发生的事实经历，他们都有着自己的瞬时解释，但这种瞬时解释是否真的反映了对方的真实意图呢？

可以用这样一个流程来表达：

A 的真实意图（主观世界）→ A 的行为（客观世界）→ B 的事实经历（客观世界）→ B 的瞬时解释（主观世界）。

客观世界中 A 的行为往往能与 B 的事实经历对应，但 B 的瞬时解释（即 B 的主观世界对于 A 行为的理解）是否真的就是 A 的真实意图（即 A 主观世界做出行为的出发点）呢？

从上述例子中我们看到，A 的关怀在 B 看来是控制，可是 A 的真实意图到底是不是控制呢？如果 A 的真实意图是关怀，那么衡量 A 的行为的意义的标准是什么呢？

这个问题其实很难回答。因为如果"问题"错了，就不可能得出一个"正确"的答案。为什么这个"问题"是错误的呢？

回到一致性沟通的角度来分析 A 的行为："情境"是客观世界的真实需要（即 B 的实际需求是什么），"自己"是个人自身主观世界的感受（即 A 想给 B 什么样的关怀），"他人"是沟通对象的主观世界的感受（即 B 喜欢什么样的关怀形式）。

充分的一致性沟通需要同时兼顾情境、自己和他人。然而，要想实现这个目标，单靠 A 自己是做不到的，需要 A 和 B 的合作才能实现。他们需要互相深入了解双方的互动成分，才能让之前阻碍这次沟通背后的内心规则和渴望显现出来。通过了解彼此的内心规则，A 和 B 就有机会创造出既能同时满足双方又能应对现实情境的解决方案。如果双方都重新考量自己的内心规则，重新制定一套双方能认可的新规则，以指导他们处于关系中的行为，就能让他们在这段关系中感到更加舒适。

因此，沟通让我们传递信息，对沟通的沟通（即对彼此互动成分的探索）能够增进对彼此的理解，了解彼此内心深处的规则，发现能够同时满足彼此的方案，达成并都能认可指导双方关系的新规则。

操作方法

第 1 步：回顾沟通过程，找到分歧点

分歧点是指出现分歧的时刻，是探索互动成分的入口，其本质是双方内心规则碰撞的时刻。通过关注、觉察和探索分歧点，有助于双方看到深层次的差异所在。

对于较短的沟通或处于激烈冲突状态的沟通来说，很容易就能够找到分歧点；对于较长的沟通或冲突不太明显的沟通来说，寻找分歧点就需要花点时间了。

第 2 步：回答互动成分的六个问题

关于互动成分的六个问题，可以很好地揭示双方深层次的潜在差异，呈现内心

深层结构，也能让双方觉察到内心规则对整个沟通过程的影响，有利于探索造成分歧的根本原因，从而为改善分歧奠定基础。

第 3 步：进行对沟通的沟通，了解彼此的内心规则

对沟通的沟通的核心是帮助彼此了解双方沟通所基于的全部内心结构，特别是处于核心地位的内心规则。

对于 A 和 B 来说，由于第 1 步（回顾沟通过程，找到分歧点）和第 2 步（回答互动成分的六个问题）都已经完成，因此在这个步骤中，B 可以这样向 A 表达自己的内心规则：我的原生家庭比较崇尚尊重彼此空间，给予对方充分的自由，如果你自作主张就会让我感到你不尊重我。

A 可以这样向 B 表达自己的内心规则：我的原生家庭比较崇尚以和为贵，我应该低声下气地承认自己的错误，让你消消气，更加关心你。

第 4 步：根据双方的内心规则形成新的解决方案

在不了解彼此内心规则时，寻找解决方案的过程就像两个被蒙上双眼的人拿着两块拼图要将它们拼在一起一样，成功率很低。然而，一旦了解了对方的内心规则，就相当于双方能看到对方手里的拼图，这时再想把它们匹配在一起就变得非常容易了。

在 A 和 B 的案例中，双方提出了一个解决方案：由于 B 确实不喜欢某样东西，因此 A 同意去把它退掉。同时，B 了解到 A 确实是在用自己的方式关怀自己，因此决定精心准备一顿丰盛的美食大餐来补偿 A，此次事件得到了圆满的解决。

第 5 步：将各自的规则融合并转化为共识性规则

即使一个之前存在的问题形成了解决方案，也不意味着这些规则不会继续引发冲突，除非双方重新探讨各自的规则，并重新形成更能够适用于彼此关系的共识性规则。

形成共识性规则的过程就是规则协商，双方通过协商创造让彼此都更舒服的规则，直到形成了共识性规则之后，这段关系就不再会因为内心规则的分歧而烦

恼了。

为了避免这样的事再发生，A 和 B 协商了彼此的规则，最终讨论出共识性规则：当 A 想要关怀 B 的时候，会提前向 B 征求意见并尊重 B 的想法；B 多去主动关怀 A，而不是像以前一样只想捍卫自己的内在空间而指责 A。

当然，对于任何关系来说，从分歧性规则转化为共识性规则都会是一个巨大的系统工程。可以确定的是，只要能够长期坚持，关系就会变得越来越融洽。

今日功课

请按照下面的指导开始练习。在回答以下问题的过程中，尽量运用直觉来操作。

第 1 步：回想一个你和对方沟通不顺畅的经历，整个沟通过程发生了什么？分歧点是在什么时刻发生的？分歧是什么？

第 2 步：你们双方对于互动成分的六个问题分别做出了什么样的回答？

第 3 步：你们双方的内心规则是什么？这些规则可能是如何形成的？

第 4 步：根据彼此的内心规则，可以形成一个什么样的新解决方案？

第 5 步：如果双方能够创造出共识性规则，那么这个规则会是什么样的？

经过以上练习，你应该能够更好地掌握如何去除引发误解的认知滤镜，这是一种冲突后补救的方法。第 6 课将介绍内心天气分享技巧，它能快速增进彼此的深度理解，因此可以将它作为冲突前预防的方法。

第6课

增进彼此的深度理解
内心天气分享

知识讲解

第5课讲述了通过对沟通的沟通来帮助彼此了解对方深层的内心结构，以便更加彻底地改善关系。然而，对沟通的沟通本质上是一种冲突后补救的方法。这节课将探索冲突前预防的方法——内心天气分享。

这个技巧是基于互动成分技术延伸形成的，在萨提亚模式中被称为"温度读取"。不论是内心天气分享还是温度读取，都很形象地呈现出这样一幅画面：我们主动地把自己隐藏的内心感受和状态分享给他人，以促进他人理解我们的内心情况，好让人与人之间可以更靠近。

关于分享内心过程，除了分享技巧以外，还有一个更加基础的问题：为什么要分享？即便拥有分享的技巧，很多人也不愿意去做分享，对于这些人来说并不是不能分享内心，而是有这些原因：不想、不愿意、觉得没用或觉得难为情。尤其是亚洲文化更加崇尚喜怒不行于色的状态，导致很多人都不愿意充分展示自己的内心，因而即便学习了相关的分享技巧，也很少在生活中使用。

因此，在学习内心天气分享技巧之前，我们需要先了解如何破除这种抑制内心表达的方法。要想了解如何破除抑制内心表达，先要了解这个机制是如何运作的，与抑制内心表达最相关的心理因素就是信念。

信念就是一套你认同或相信的想法系统，由于你对这套想法深信不疑，因此它影响着你日常大大小小的行为。

会导致抑制内心表达的最常见的想法如下。

- **坚强抑制**："坚强的人不应该把内心感受表达出来。"
- **坦诚幼稚**："成熟的人不会把内心感受表达出来，只有幼稚的人才会如此。"
- **对方义务**："对方应该了解我的内心感受，如果他做不到就是他的问题。"
- **惊喜期待**："如果我告诉对方我的感受，那么对方再根据我告诉他的去行动，就没有惊喜了。"
- **独自应对**："不可以因为我的感受而麻烦别人，我应该独自面对。"
- **独自承担**："与其把我的感受告诉对方让他难受，还不如我独自面对，不影响对方。"
- **表达无用**："就算告诉对方我的感受也没什么用。"
- **暴露危险**："一旦告诉对方我的感受，我就会处于危险状态。"

如果秉持上述想法中的一种或几种，就会形成抑制内心的表达，其严重程度取决于对这些想法的相信程度。要想降低抑制内心表达的程度，就要去审视这些让自己一直以来深信不疑的想法，并主动调整这些想法。

当然，要想调整这些想法并不是一件容易的事情，任何一个想法都能够成为信念，信念都需要以对应的生活经验或道理依据等作为它们的基础。能够让个体深信不疑的想法都是有原因的，如原生家庭的教育、某本书中的论述、自己曾经的经历或某个朋友的经历给自己的启发等。

改变这些限制性信念的困难之处在于，想要让持有这些限制性信念的个体认识到这些限制性信念的不良影响并松动是很困难的事情。其实，这些信念本身是中性的，即没有正误之分，它们的存在都有某些重要的价值和意义，之所以会产生问题，也是因为它们过于绝对和僵化，让持有这些信念的个体失去了某些重要的功能，从而导致其无法做出某种更有效的行为。

要让这些限制性信念展现它们的价值和意义，就要去拓展这些僵化的信念，通过分辨信念适合的情境范围来给新的想法开拓存活的空间。

不论是哪种抑制内心表达的想法，都缺乏看到彼此沟通内心动态的价值。甚至给予全盘否定，认为这么做不仅没有价值，还存在许多危害。

那么，彼此沟通内心过程有什么价值呢？

第 5 课讲述了在发生冲突时，如何通过对沟通的沟通来看到彼此的内心以调整冲突，这是一种被动的沟通内心，是为了解决问题而进行的；相反，只有在非冲突时也愿意常常沟通内心才是主动的沟通，这才是在更大程度上改善关系品质的核心关键。

这就好像养生和治病之间的关系一样：发生在冲突之后的对沟通的沟通就好像治病，是在发生问题之后才解决问题，只改善了与问题相关的部分，并没有大幅度改善整体状态，很有可能还会再出现其他问题；相反，定期做内心天气分享则如同养生，不断改善整体状态，使得问题越来越少。

因此，**彼此沟通内心在本质上是一种预防问题发生的行动，其作用在于让关系双方了解彼此的内心动态，以了解彼此进行沟通的依据**。如果说沟通就像是计算机编程，输入信息后对方会产生某种反应，那么彼此沟通内心就相当于了解对方是如何"编程"（内心结构）的，基于这种"编程"又拥有了什么样的"运行规则"（内心规则）。在渐渐知悉彼此的"运行规则"后，就能够知道如何更好地输入"有效的信息"（有效的语言表达）。

没有彼此沟通内心，双方就无法了解彼此的运行规则，就不能够做出有效的沟通，因此彼此沟通内心是非常有价值的。

正如前文所言，我们秉持的抑制内心表达的信念并非绝对错误，它们具有重要的价值和意义，只是这些信念的疆界太广阔了，而个体往往又将这些信念局促在个人僵化的范围，在一个人的全部情境均剔除了彼此沟通内心的价值。

扩展这些信念的方式就是给原本的信念限定情境范围，并增加彼此沟通内心的情境范围，形成了以下的信念结构：

- 在……（如陌生的环境）情况下，不全部表达内心会更合适；
- 在……（如熟悉的重要关系中）情况下，表达内心会更合适。

在这些抑制内心表达的信念适用范围发生了改变之后，彼此沟通内心的技巧就可以发挥价值了，接下来就来介绍内心天气分享。

在萨提亚模式的课堂中，人们会围坐成一个圆圈，然后按照某种语言结构说出自己的内心感受，进行内心天气分享练习。这种被提前设计好的语言结构是萨提亚模式根据多年咨询工作总结出来的，它可以被当作一种提示工具，引导人们把内心比较重要的内容分享出来。因为如果没有结构的指引，人们就会漫无目的地分享内心，常常会忽略许多重要的要素。借助这种设计好的语言结构，既提高了效率，又提升了效果。

操作方法

基本方法

所谓"基本方法"，就是在萨提亚课堂中练习时所采用的方法。当双方都愿意配合时，运用这种方法会比较快速和高效。稍后将介绍当对方不愿意配合时所需要采用的变通方法。

第1步：扫清内心分享的阻碍，开启真心分享状态

只有扫清了抑制内心表达的信念，内心天气分享才能发挥作用；相反，如果存在着分享阻碍，就会影响我们提取内心信息，从而导致无法完成内心分享。

判断是否存在阻碍的标准是愿意分享内心的程度。可以给愿意的程度打分，从0（完全不愿意）到10（非常愿意），愿意程度越低就代表阻碍越多，越需要扫清。

在基本方法中，由于双方都愿意配合，因此可以采用自我清理的方式去探索秉持了什么样的抑制内心表达的信念。除了前文列举的八种外，凡是符合这种结构的都是这样的信念："因为……，所以我不可以表达内心或不表达内心会更好。"

发现这些信念之后，将它们拓展为这种结构："在……情况下，不全部表达内心会更合适；在……情况下，表达内心会更合适。"

如果感觉到自己的愿意程度有所提高，就说明限制性信念已经得到了调整和改

善，就可以开始内心天气分享了。

第 2 步：按照内心天气分享的语言结构表达内心状况

在基本方法中，内心天气分享的语言结构如下。

- 欣赏和激动（又称感激和兴奋）。这是关于感受的积极部分，是关于某些事或行为中令你喜欢的部分。向对方表达这个部分，可以让对方了解什么能引起你的积极感受，并因此更了解如何做会让你喜欢。
- 忧虑、担心和迷惑（又称困惑和担忧）。这是关于感受的消极部分，是关于某些事或行为中令你担心的部分。向对方表达这个部分，可以让对方了解什么能引起你的消极感受，并因此更了解自己需要尽量避免些什么。
- 抱怨和解决途径（又称抱怨和提议）。这是关于现实存在的问题及想要如何解决问题的初步构想，这些信息可以帮助对方了解你希望对现状做出什么改变，以及想要通过什么方式做出这些改变。
- 新的信息（又称新信息）。这是关于个人信息的披露，可以帮助对方了解你现在的想法变化，你近期发生了什么状况，或者对什么感兴趣，这有助于彼此加深了解。
- 希望和梦想（又称希望和期待）。这是关于个人期待的披露，可以帮助对方了解你的短期、长期的发展方向。让别人更加了解你的现实目标和长期愿景，借此了解你的人生规划。

变通方法

如果对方不愿意配合（即不愿意进行主动分享），就说明其愿意程度较低，一定存在某些信念阻碍了对方表达内心，这时就要使用变通方法。

第 1 步：询问阻碍原因，协助拓展信念

这样的提问可以帮助我们了解阻碍对方表达内心的信念："我感觉到可能存在什么原因，让你觉得不可以表达内心或者不表达内心会更好，我很想知道这个原因是什么？"

随后，就可以逐步尝试扩展这个信念，将它们拓展为这种结构：在……情况下，不全部表达内心会更合适；在……情况下，表达内心会更合适。

需要注意的是，在变通方法中，拓展限制性信念需要慢慢来，如果过于着急，就会让对方产生被迫感和逆反情绪，反而会导致其信念更加坚固。此外，无须强求将对方的愿意程度提升到愿意主动分享的程度，只要对方能够被动配合就可以完成以下操作了。

第2步：按照内心天气分享的语言结构询问对方的内心状况

在变通方法中，内心天气分享的语言结构如下。

- 欣赏和激动（又称感激和兴奋）。你觉得对于这件事（状况、行为等），什么是让你比较喜欢的部分？尤其是令你感到欣赏或激动的？
- 忧虑、担心和迷惑（又称困惑和担忧）。你觉得对于这件事（状况、行为等），什么是让你不太喜欢的部分？尤其是令你感到忧虑、担心或迷惑的？
- 抱怨和解决途径（又称抱怨和提议）。你觉得对于这件事（状况、行为等），什么是你认为需要改善的部分？你想通过什么方式来改善？
- 新的信息（又称新信息）。你最近有什么变化吗？或者你有什么新的信息要告诉我吗？
- 希望和梦想（又称希望和期待）。你希望未来朝什么方向发展？或者有什么未来的计划吗？

案例

在以下案例中，小赖在参加了萨提亚课程之后，努力将内心天气分享技巧应用到生活中。

团队中

小赖首先尝试将内心天气分享运用到自己带领的工作团队中，团队中的伙伴们得知他的想法后都表示愿意尝试。也就是说，小赖可以根据基本方法来施行。

团队每周都有三次固定的开会时间，小赖会在开会之前主持内心天气分享活动。在一次活动中，小赖主持的内心天气分享活动流程如下。

小赖：公司刚刚公布了新项目，大家也了解了相关的信息，接下来，大家针对这个新项目来做一次内心天气分享吧！

A：我对这个新项目感到兴奋。

B：很感激这个团队，让我不断学习、成长。

C：老实说，我对于新项目有点焦虑，不知道会不会为此加班，最近我妈回老家了，我妻子是护士，要经常倒班。如果频繁加班，我很担心没人照顾孩子。

小赖：新项目刚开始推进时，加班是难免的。如果你加班有困难，可以事先和大家说，你先回家照顾孩子，或者拿一部分工作回家去做。

D：我看过新项目的计划书后，对有些细节不太明白。

小赖：对于不太明白的地方，我们稍后可以一项一项地交流。

E：我觉得新项目发布得太仓促了！而且发布后很快就要执行！

小赖：那你有什么提议呢？

E：发布之后，如果给一个星期的时间来做好心理准备再去执行，可能会比较好。

小赖：你的提议挺好的。这次的新项目从发布到执行的时间的确有点短，下次会留意给大家一些心理准备时间。

F：听说，这个项目的提成比之前的项目多。

G：既然公布了新项目，那么接下来就希望大家可以齐心协力、并肩作战，遇到问题共同解决，完美完成这个项目！

家庭中

小赖看到内心天气分享在团队中运用的效果很好，也想将内心天气运用到自己的家中，可是妻子比较排斥。他不想强求妻子参与，于是他决定先和儿子开始。

小赖：我们来玩一个感激或兴奋的接龙，我说一个、你说一个，怎么样？

儿子：太好了！

小赖：我感谢妈妈为我们准备晚餐，很辛苦。

儿子：我为要去参加夏令营感到兴奋。

小赖：我感谢儿子敢于冒险，愿意去参加夏令营。

在这个过程中，小赖观察到妻子不时地看向他们，好像对他们的这个活动很感兴趣。后来，小赖和妻子交流，发现妻子对于表达内心存在这样的阻碍信念：不可以因为自己的感受麻烦别人，应该自己独自面对。

小赖与妻子深入交流了这个信念，向妻子表达了自己的理解，接着和妻子交流了表达内心对整个家庭的好处。经过几次交流之后，妻子渐渐认同了表达内心的价值。

小赖在第一次尝试通过提问的方式来和妻子进行内心天气分享的过程中，对妻子有了许多新的了解，妻子也表示更了解小赖的内心过程了，这次内心天气分享进行得非常愉快。

这样的分享在小赖家一直持续了下去，他们家的矛盾变少了，日常交流也变得更加顺畅。

从上面的案例中，你会发现内心天气分享可以运用得很广，团队、家庭，甚至二人之间，你是不是也很想试试看？

今日功课

请按照下面的指导开始练习。在回答以下问题的过程中，尽量运用直觉来操作。

第1步：回想一个近期让你情绪波动比较多的情境，当时发生了什么？

第2步：如果让你和对方表达你的内心过程，你的愿意程度是多少（从0到10打分）？是什么信念阻碍你进行表达？

第3步：对这个信念进行拓展之后，这个信念会是什么样的？表达内心的愿意程度有什么改变？

第4步：在这个情境中，令你欣赏和激动的部分分别是什么？令你忧虑、担心和迷惑的部分又是什么？

第 5 步：对于这个情境的情况而言，你有什么抱怨，又能想到什么解决办法？

第 6 步：你想向对方表达关于你的什么新信息？你会告诉对方你的希望和梦想又是什么？

经过以上练习，你应该能够很好地掌握内心天气分享了。第一部分的六堂课会让沟通发生巨大变化。其实，萨提亚模式不仅能帮助我们改善沟通，从下一部分开始，它还将引导我们产生更深层次的改变。

让人生开始改变

第二部分

第7课

人生改变的攻略
如何走过改变的旅程

知识讲解

人们对"改变是否值得"的态度，往往是由对以下问题的回答来决定的：

- 改变这件事很难吗？
- 我能够彻底改变吗？

改变真的很难吗？当我们面对自己从来没有成功完成的事情时，就会觉得很难；相反，当我们面对我们能成功完成的事情时，就会觉得容易。萨提亚模式通过对改变的不懈探索，找到了一种系统的方法，让改变变得更容易。

萨提亚模式对一般改变和彻底改变进行了区分，把彻底改变称为"转化"。正因为萨提亚模式追求彻底改变，所以我们也称萨提亚模式为"萨提亚转化式系统治疗"（即除了"萨提亚家庭治疗模式"和"萨提亚成长模式"外的一种叫法）。萨提亚模式的著名教授者——加拿大心理咨询师约翰·贝曼（John Banmen）以此为主题写了一本同名书籍，来论述萨提亚模式是如何促使转化性改变的。

在萨提亚模式中，转化性改变的本质是系统的彻底改变。不论是原生家庭系统、个人内在系统，还是社会人际系统，想要实现运行模式的改变就需要实践转化性改变。

对于每个系统来说，实践转化性改变就像让植物从枝叶稀疏变得繁茂，首先需要先全面地改善植物赖以生存的土壤状况，然后在植物的生长过程中对其悉心照料。

转化性改变的四个要素

关于产生转化性改变的土壤（基础条件），萨提亚模式提出了四个要素，分别是：爱的氛围、信任、可信的形象、接受艰难挑战的意愿。

这四个要素就像上台阶那样的循序渐进，也就是只有实现了前置要素，才能实现下一个要素。只有实现了所有要素，才能开启转化性改变。

爱的氛围

在所有要素中，爱的氛围是最为关键的。然而，这又是一个听起来很有意义却难以抓住其内涵的词汇。

想看到爱最本真的样子并了解其内涵，需要到达它最初存在的"地方"来窥视其原貌。这个最初存在的"地方"就是母爱，也就是说，**母亲对待自己小宝宝的状态就是爱的原貌，母亲带给小宝宝的整体感受就是爱的氛围**。

基于这个思路，英国心理学家唐纳德·W.温尼科特（Donald W. Winnicott）对母婴关系进行了长期探索，并将这种状态命名为"抱持"（hold）。

抱持创造的是提供安全感的堡垒。如果我们没有堡垒的庇护而生活在旷野之中，就会更多地关注随时可能出现的危险。堡垒为我们带来的安全感，能让我们的注意力更多地关注如何让生活变得更好。

如果说爱是滋养，那么抱持就是给我们提供最重要的滋养品——安全感，这使我们开始有力量让一切变得更好。

创造抱持环境需要做到如下两点：

- 无条件地接纳，这能创造安全感；
- 发自内心地关怀，这能创造温暖。

其实，这就是母亲对待婴儿的方式，无条件地接纳孩子所有的一切，发自内心地关怀孩子每时每刻的需求和感受，这就是爱的客观形态。

然而，无条件的接纳并非溺爱，接纳并不等于支持所有行为。如果某些行为本身是不良的，那接纳就意味着理解行为背后的积极意图。虽然接纳会让我们对不良行为本身产生一定的包容，但是这并不妨碍我们去调整不良行为，帮助对方做出更加合适的行为。

同样，发自内心的关怀并非听之任之，而是真心在乎对方的需求，并及时做出响应。响应的方式也并非一定是无差别的满足，而是可以结合实际情况去满足对方的合理需求。而对于对方的不合理需求，要让对方在情绪上感受到被理解。

当处在关系中的个体都愿意创造爱的氛围时，他们就能放松下来，不会惧怕说真话。这时，关系就跨上了第二级台阶——信任。

信任

信任是安全感的高级形态，有了安全感才有信任感，信任是对关系意义非常重大的元素，它能让关系双方对彼此的行为做出更多积极诠释（positive sentiment override），即对对方行为赋予积极的意义，这种积极倾向的诠释是非常重要的。

美国著名心理学家约翰·戈特曼（John Gottman）在其著作《幸福的婚姻：男人与女人的长期相处之道》（The Seven Principles for Making Marriage Work）中写道："'积极诠释'的意思是指他们对彼此及婚姻的正面看法无处不在，因此他们能够排出消极情感。只有非常重要的冲突才能让他们失去夫妻间应有的平衡。他们关系中的积极性能让他们对彼此和婚姻感到乐观，让他们共同遐想生活中的积极事件并把对方往好处想。"这个法则不仅适用于婚姻关系，也适用于所有类型的关系。

形成积极诠释的基础就是信任。当彼此之间具备信任时，双方就更加倾向于对彼此的行为做出积极诠释；而在彼此不够信任时，双方就更加倾向于对彼此的行为做出消极诠释。

除了爱的氛围外，一致性沟通也是一种有效增进彼此信任的重要方式。

在建立了信任后，讲真话成为一件非常容易的事，这就为彼此之间在面对问题时建立了非常坚实的基础。这时，关系就能够跨上第三级台阶——可信的形象。

可信的形象

可信的形象是一种坚定的状态，能够将爱的氛围和信任变成一种面对问题的勇气和意愿。如果能做到始终一致地面对问题而非逃避问题，就能树立可信的形象。

面对问题是解决问题的前提，朝着解决问题而努力是成长的必要条件。因此，在树立起可信的形象后，就意味着在朝着解决问题的方向而努力。

要想树立可信的形象，就需要将注意力从近期的舒适转移到长久的幸福上。因为只有追求长久的幸福才能真正愿意面对问题，才能努力去树立可信的形象，有了它就能跨向第四级台阶了。

接受艰难挑战的意愿

要想真正实现转化性改变，最需要的就是跨上第四级台阶——接受艰难挑战的意愿。因为彻底的改变并非易事，只有有了这样的意愿才能克服无数困难坚持改变，最终收获彻底的改变。

在迎接光明前常常需要经历最后的黑暗，如果没有迎难而上的意愿，就会像多数人一样在转化性改变发生前就已经不再努力，前功尽弃。

要想拥有接受艰难挑战的意愿，就需要一个"不得不"的理由——为什么必须发生彻底的改变？这种改变对于生活和人生而言有多重要？

在有了这个"不得不"的理由之后，我们就会拥有信念、决心和勇气，就能在面对艰难挑战时勇往直前。

收获：转化性改变

在跨上这四级台阶之后，转化性改变就将启动。由于所需养分已经充足，因此内心深处的转化性改变会在不知不觉中持续发生，并让生活变得越来越好。

转化性改变的过程

最初的萨提亚模式将转化性改变的发生过程划分为六个阶段，约翰·贝曼后来将其扩展为七个阶段。为了便于你更好地理解，我们将这七个阶段解释如下（见表7–1）。

表 7-1　　　　　　　　　　转化性改变的具体过程

阶段	内容
第一阶段：现状	高代价（不良）的系统平衡状态 现状是系统当下不够良好的稳定状态，为了维持这个状态，系统需要付出相当高的代价 就像战国时代的国家一样，彼此通过战争来维持整体的相对稳定 对于一个家庭来说，可能是彼此通过压抑自己的渴望来实现整体的稳定，但是每个人都不快乐
第二阶段：外来因素	外来因素促使改变的发生 当现状遇到外来因素时，这个因素会破坏原来的力学平衡关系，进而让整个系统发生涟漪性的改变，最终导致整个系统发生结构性的变化 这种外来因素既可以是某个人（如咨询师）的出现，也可能是某种观念或技能（如萨提亚模式）的学习，这些都会促使系统启动改变过程
第三阶段：混乱	健康的混乱：探险 在原来的系统平衡被打破之后，系统会处于混乱状态。如果在转化性改变的四个要素都具备的情况下，就能让系统中的每个要素都像探险一样，探索出更好的可能状态 具备转化性改变的四个要素，就是为了能够更好地应对混乱状态。因为如果没有这些要素作为基础，处于混乱状态的人们就会因为缺乏安全感而倾向于回到旧的应对模式，整个系统更容易退回到旧的平衡中
第四阶段：转化	内在冰山的转变（系统中个体的转化性改变） 在系统度过混乱状态之后，处于系统中的个体会开始发生真正意义上的改变，人们的内在冰山也会出现变化 这代表着其内心发生了真实的变化，这种变化会促使人们对现实状况做出更好的应对
第五阶段：整合	系统的整合（系统的整体结构出现转化性改变） 起初导致系统处于较高代价是因为系统内部冲突的存在，在系统中的个体由内及外地发生了变化之后，这种冲突就能够得到改善，系统会朝着整合的方向发展 整合的本质是纳入积极资源、去除消极阻碍的过程，借由这个过程可以有助于系统朝着更优的方向发展
第六阶段：实践	改善性实践（系统中转化性改变的实践） 到了这一步，系统中的个体由于内心发生了变化，因此会通过不断地进行改善性的实践，最终产生有效的行为变化，同时让整个系统获得更优的效果

续前表

第七阶段：新的现状	更优（良好）的系统平衡状态 通过一系列的改变和优化，系统重新达到平衡状态，这种平衡状态和旧有的状态相比更加优良。系统中存在的问题得到了解决，系统中的每个个体也都更加舒服

为了更好地理解这个过程，我们以大风的转化性改变为例（见表 7-2）。

表 7-2　　　　　　　　　　大风的转化性改变案例

第一阶段：现状	高代价（不良）的系统平衡状态 大风和儿子的相处模式导致儿子一直没有养成良好的家务自理能力，这让大风非常苦恼，即便如此，儿子读大学在外住宿，放假日偶尔回家，一家人也能照常地生活
第二阶段：外来因素	外来因素促使改变的发生 儿子即将大学毕业，要将行李收拾好后寄回家。大风看到儿子不会收拾行李，想到儿子就要步入社会了但自理能力很差，意识到了问题的严重性
第三阶段：混乱	健康的混乱：探险 意识到这个问题让大风感觉特别混乱，在面对儿子的需求时会变得很纠结，既觉得儿子家务自理能力差需要帮助，又觉得继续提供帮助会让儿子的自理能力变得更差。这种内心存在的混乱状态驱使大风想要改变这个情况，因此，他来到萨提亚的课堂中学习
第四阶段：转化	内在冰山的转变（系统中个体的转化性改变） 经过学习，大风对自己的无意识冰山有了更深入的觉察，意识到儿子缺乏家务自理能力和自己内在之间的关联。原来，大风小时候缺少被照顾的经历，因此在他变得强大以后，特别渴望让身边的人都能得到照顾。基于这份渴望，大风每次面对儿子的需求时，都没有给儿子独自解决问题的机会，因而儿子的自理能力一直无法得到锻炼。大风意识到了这个状况，并试着将这份过度的渴望调整到合适的程度
第五阶段：整合	系统的整合（系统的整体结构出现转化性改变） 大风的内心发生了许多变化。他发现，自己在长大以后有了许多被照顾的经验，但一直没有把这些经验纳入自己的核心自我认同之中。认识到这点以后，大风的缺失感减少了，强迫性地希望别人能够被照顾的渴望降低到了比较合适的程度，他因此感到很轻松

第二部分
让人生开始改变

续前表

第六阶段：实践	改善性实践（系统中转化性改变的实践） 大风开始试着在儿子有需求的时候抑制自己想伸手帮忙的冲动，给儿子更多能够自己解决问题的锻炼机会。这样一来，儿子的自理能力获得了逐步提升
第七阶段：新的现状	更优（良好）的系统平衡状态 大风和儿子最终达到了一种更好的稳定状态：在遇到问题时，儿子会先自己想办法解决，除非到了自己无法解决的地步才会向大风求助。大风感觉对儿子更加放心了，儿子也感受到了更多自己的空间和因能够独立解决问题而获得的成就感

操作方法

第1步：探索现状问题状态背后的系统结构

正如前文一直强调的，出现问题的真正原因是系统的运行模式出现了问题。这个问题能帮助我们找到正确的方向：系统运行模式如何导致了问题状态的存在？

通过对这个问题的探索，可以帮助我们去了解问题状态背后的系统结构。通过对系统结构的了解，能够帮助我们找到问题的真正原因，而不仅仅是治标不治本地处理问题，因为这只会导致我们无法产生彻底而持久的改变。

能够看到问题状态赖以形成的根本——系统的运行模式与问题状态的关系，是创造转化性改变最重要的基础，基于这种认识才能够有效地开启后续步骤。

第2步：设想更优的系统状态

就像一部机器不仅会有运行不良的状态，也会有运行良好的状态。一旦我们在心中明确了运行良好的状态，就为改变创造了方向和动力。

什么样的系统状态才是更优的呢？什么样的运行状态才是良好的呢？

我们可以借用经济学中博弈论的研究成果来解释：有两种截然不同的系统状态——一种是博弈状态，一种是共赢状态。

当缺乏信任和他人合作时，人际系统常常会陷入博弈状态。此时，系统中的每个个体都在追求自己的利益最大化而忽视了彼此的相互关系。从长期的角度来看，这样会导致系统内部出现问题，随着问题的扩大，所有人的利益都会受到损害。

在拥有信任和他人合作时，人际系统才能进入共赢状态。此时，系统中的每个个体都在寻求通过合作的方式创造共同利益的最大化，因为系统和个体是相互影响的，只有在整个人际系统能够实现系统生态平衡的基础上，才能让个体获得实际的最大化收益。

因此，**更优的系统状态就是基于信任和合作，让个体实现共赢的状态**。在这种状态下，每个个体都最大化地收获了自己渴望的生活状态，同时系统本身也能处于和谐之中。

第3步：创造转化性改变所需要的养分

从存在问题的系统状态到更优的系统，需要向系统输送充足的养分，以促进改变的发生。

如何知道系统需要哪些养分呢？

从转化性改变需要的四个要素可知，个体所处的人际系统还需要增加哪些养分，对此可以参考前面讲过的知识。从冰山系统中可知个体的内心系统需要哪些养分，稍后可在第8~11课中深入了解。

第4步：对转化性改变的生长过程进行看护和照料

就像任何一棵植物一样，灌溉养分后并不会立刻发生改变，还需要经过精心看护和照料才能生长出美好的果实，即获得转化性改变。

看护和照料其实就是时刻注意是否还需要补充养分，也就是说，第4步的本质其实是对第3步在时间维度上的延伸。将补充养分变成一个日常事项，这样才能让积累的力量最终促使转化性改变的发生。

看护就是以转化性改变的七个阶段作为指引，让我们清晰地了解自己在当下改变进程中的位置，并有针对性地完成每个阶段所需要面对的重要任务。

照料就是以第3步中的获知所需养分的方法作为基础，在转化性改变进程的每个阶段及时提供所需的养分。

这套操作思路和方法可以说是萨提亚模式为人们提供的生命进化的康庄大道，依照这个路径和接下来课程的方法，相信我们能够让自己的内心和人生发生彻底的改变。

今日功课

请按照下面的指导开始练习。在回答以下问题的过程中，尽量运用直觉来操作。

第1步：回想一个生活中让你感到烦恼的问题状态。

第2步：这个问题状态背后的系统结构是什么？是什么样的持续运行模式导致了问题的发生？

第3步：更优的系统运行方式是什么样的？如果系统按照这样的方式运行，会产生什么不同的结果？

第4步：对于这个情况来说，实现更优的系统状态还需要什么养分？

第5步：充分发挥想象力，去设想一下在养分充足的情况下，从你所处的现状到更优的系统状态，你会如何经历转化性改变的七个阶段？

第6步：如果实现了转化性改变，那么这对你的生活意味着什么？为什么这样的改变对你来说是"不得不"的或"一定要"的？

经过以上练习，你应该能够更好地掌握让你的生活发生彻底而持久的改变的方法。第8课将详细介绍萨提亚模式中最为重要的内容——冰山系统。

第 8 课

驾驭你的内心
理解冰山系统

知识讲解

冰山系统是萨提亚模式中最重要的理论之一，也是个体发生转化性改变的核心。因此，理解冰山系统是掌握萨提亚模式的关键。

冰山系统的提出源自这样的问题：知觉是如何产生的？它又是由哪些因素决定的？

所谓"知觉"，就是人对基本感觉进行加工后形成的整体认识过程。人们通过这个过程，会将对客观事物的感觉（零散的碎片）进行组合（即对客观事物的直接模拟），形成事物的整体样貌，进而形成对事物主观意义的判断，最终影响人的行动（见图 8–1）。

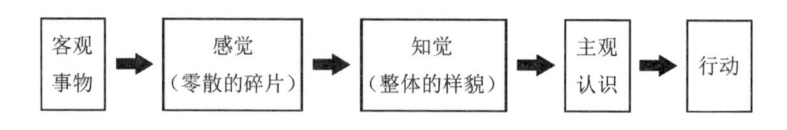

客观事物 → 感觉（零散的碎片）→ 知觉（整体的样貌）→ 主观认识 → 行动

图 8–1　从客观事物到行动的过程

从上述过程可知，感觉是对客观事物的模拟，更加贴近客观事物。然而，由于它是通过人类的感觉输入器官进入内心的，因此变成了一些尚待组合的碎片。然后这些碎片经过知觉形成了主观认识，并基于这种主观认识使人最终做出某种具体的行动。知觉是行动的地基，了解知觉过程对于明晰行动背后的原因至关重要。

知觉是一种无意识心理过程，主要负责对碎片式的感觉进行拼图，最终形成完整的样貌，即我们对事物的认识。既然是通过拼图而形成的，那么每个人由于过去经历的不同，拼图方法就势必存在差异，这种差异会形成某种定势，即知觉定势。通过了解知觉定势，就能找到人们主观认识扭曲的源头。

萨提亚模式基于对知觉定势的长期研究，最终将决定知觉定势的诸多要素梳理归纳为冰山系统，用来帮助人们更加深刻地理解知觉过程。

因此，我们可以这样理解冰山系统：**冰山系统决定了知觉定势，而知觉定势决定了从感觉到知觉的过程。这会导致人们很多行动并不是基于对客观事物的真实认识产生的，而是基于知觉定势的主观扭曲产生的。**

A 的丈夫对她说了一些话，但由于他在说话时表情比较严肃，因此 A 觉得丈夫对自己态度不好并和丈夫发了脾气。其实，A 的丈夫只是因身体不太舒服，所以表情显得比较严肃。A 在了解原因后，很后悔自己因一时冲动而对丈夫发脾气。类似的情况在他们的生活中很常见，A 和丈夫都为此感到很苦恼。

表 8-1 从四种系统和冰山系统的关系的角度，梳理了这种现象背后的原因。表中的第二列是 A 根据冰山系统对客观事实产生的深刻觉察和领悟，第三列加黑的内容为萨提亚模式中的冰山系统。萨提亚模式帮助 A 了解了自己觉知过程下的冰山全貌，并最终找到了可以帮助自己内心实现转化的重要途径。

表 8-1　　　　　　　　　　　　四种系统和冰山系统的关系

系统类别	客观事实	冰山系统
社会人际系统	A 对丈夫的沟通方式（表情严肃）的知觉是一种不友善的态度，因此 A 启动了指责的沟通姿态	感官：表情严肃 知觉：不友善的态度 行动：发脾气 应对模式：指责的沟通姿态

续前表

系统类别	客观事实	冰山系统
内在心理系统	经过学习和训练，A 慢慢觉察到自己启动指责沟通姿态时内在心理系统运作的全过程： 1. 为什么我会启动指责的沟通姿态 因为对方的表情严肃让自己感受到焦虑，焦虑让自己感受到不安，在这些感受的驱使之下启动了指责的沟通姿态来保护自己 2. 为什么我会感受到焦虑，并对自己的焦虑感到不安 A 的自我产生了一种强大的愿景——想要努力获得温暖，我对于更好的需要是一种对于幸福生活状态的渴望，一直以来我都期待着别人可以友善地对待我。当别人没有友善地对待我时，我就会下意识地产生"别人不友善是一种潜在的危险，稍后我可能会受伤"的观点，从而感觉到焦虑进而不安	感受：焦虑 感受的感受：不安 观点：不友善是潜在危险 期待：期待对方跟自己讲话时可以和颜悦色、语气温和、面带笑容 渴望：幸福的生活状态 自我：努力获得温暖的对待
原生家庭系统	经过梳理，A 回想起一些与自己心理状况有关系的经历：在原生家庭中，A 的父亲脾气不是很好，每次父亲脸色不好或比较严肃时，A 都可能遭到父亲的批评，甚至有几次父亲还会动手打她。这些在原生家庭系统中的经历让 A 形成了上述内在心理系统	家庭互动模式：A 在原生家庭互动中形成了希望被友善对待的愿望，这让 A 对友善态度产生了知觉扭曲定势和过度反应倾向
萨提亚治疗模式	萨提亚模式有助于 A 看到以上三个系统中客观事实之间的关联，了解原生家庭系统是如何影响自己的内在心灵系统，进而影响自己在社会人际系统中的相处方式的 借由萨提亚模式，A 可以让自己的内在心理系统摆脱原生家庭造就的不良模式，进而拥有更好的人际关系和人生	冰山系统能够揭示原生家庭互动中逐渐形成的内在心理系统的全貌，也有助于 A 破除被原生家庭塑造的知觉定势，在更加卓越的内在心理系统的支持下获得更加幸福的生活

本书的第一部分全面讲述了一致性沟通的操作方法，但是在没有破除扭曲的知觉倾向之前，要想做到一致性沟通是非常困难的。因为在知觉倾向的影响下，我们难以客观地认识实际情况，更多的是在自己的杜撰中认识世界。就像没有根，植物就无法成长一样，缺乏能够客观认识现实的知觉基础，很难实现一致性沟通。

冰山系统可以帮助个体觉察自己的知觉过程是如何被扭曲的，萨提亚模式的大

第二部分
让人生开始改变

部分咨询技术也是围绕冰山系统而构建的,其核心目的是帮助个体修复知觉过程。

冰山系统(见表8-2)揭示了知觉扭曲的过程。这个过程导致个体高频率地运用应对姿态,以寻求保护理想状态不被破坏,从而引发了大量的冲突并导致痛苦。如果个体能够根据冰山系统的指引,更加清晰、深入地觉察自己知觉背后的无意识过程,就能逐渐修复知觉过程,最终做出更基于现实的有效应对行动。冰山系统能指引我们进行自我觉察,慢慢内化于心,并最终受益于它。

表 8-2　　　　　　　　　　　　冰山系统

内心的体验性结构		冰山系统	理解冰山系统
意识过程		行动	• 行动是指个体做出的具体行为,常常是别人能看见的 • 应对姿态是行动的框架(形式),而行动是具体的操作方式(内容) • 个体经过察觉往往能够意识到要做出的行动内容
水平线 (意识和无意识交界处)		应对姿态 (惯性沟通模式)	• 应对姿态位于无意识和意识的交界处,这既是无意识过程向意识过程过渡的地方,也是觉察无意识过程的入口 • 应对姿态的启动是无意识过程运作的直接结果,每一次启动应对姿态都是一次觉察无意识过程的机会 • 通过对应对姿态运作过程的放大和体会,可以提升对无意识过程的觉察力,然后才能慢慢了解更深层次的无意识过程
无意识过程 (越往下就属于无意识过程中越深层的部分,越难以被觉察到)	情感 体验	感受	• 感受是最浅层的无意识过程,个体能够在发生事情的当时体会到这些感受,因此这些感受也可以被称作"瞬时感受"(区别于感受的感受) • 感受也是应对姿态最直接的触发点,揭示知觉过程的核心在于了解个体为何会拥有某种感受 • 人们往往把感受作为自己行动的原因,其实它只是深层无意识过程的结果
		感受的感受	• 感受并不是深层无意识运作的全部结果,个体还存在感受的感受 • 感受的感受过程是在感受之后发生的一小段时间内对于自己所秉持的感受的再感受,也可以被称作"后续感受" • 感受是个体对事物的感受,感受的感受是个体对自己感受的评价,即是否接纳自己有这样的感受

075

续前表

内心的体验性结构	冰山系统	理解冰山系统
	心理现实 （信念、假设、成见、解释、预设立场）	• 如果说感受（包括感受和感受的感受）是一种判断结果，那么观点就是判断的依据 • 观点是基于各种直接经验、间接经验形成的对事物的看法、假设和解释的集合，是一种对现实世界模型化编码的产物，这个过程被称作"认识过程" • 基于认识过程，人们产生了一系列观点，这些观点是人们判断事物的内在依据 • 观点的形成受到过去经验的影响，如家规、原生家庭价值观等
深层内在	期望 （未满足的期望、对我自己的期望、对他人的期望，以及他人对我的期望）	• 期望是希望事物发展的方向和路径，期待的具体体现是愿景和计划 • 期望会极大程度地影响观点形成的过程 • 期望会导致认识过程的扭曲，进而形成更主观（贴近期待，而非贴近实际）的心理现实，这常常就是没有实事求是 • 期望也是动力来源 • 期望是具体的
	渴望人类共有的 （被爱、被接纳、有意义）	• 渴望是期望的原型/雏形，是期望形成的地基 • 渴望是模糊形态的动力，期望是渴望在各种情境中的具体形态 • 渴望是个体想要拥有的一些对于特定的重要感受的集合
	自我 （生命力、核心）	• 自我是渴望和期望围绕的核心，是生命意义的基点 • "我是谁""我想成为谁""我实现了理想自我吗"等问题有助于个体揭示自我的部分内容 • 通向理想自我是人类的动力之源，个体在此之上形成了渴望和期望

操作方法

第 1 步：注意自己的无意识行动

我们可将行动分为有意识的行动和无意识的行动。有意识的行动是基于目的的行动，是我们在意志的指挥下，基于某种现实的需要而做出的行动；无意识的行动是基于情绪的行动，是我们在情绪、感受的推动下而做出的行动。

为什么要区分这两种行动呢？

有意识的行动更多的是基于现实的需要，是我们主动改造世界的过程。这个过程速度很快，比较难以觉察到无意识过程的细微结构。

无意识的行动则更多的是基于主观情绪、感受的推动，是在我们感觉到某些状态冲撞了自己想要维持的理想状态之后，因引发了强烈的情绪而产生了自动化行动的倾向。从情绪的产生到自动化的行动，无意识在和当下的现实抗争，希望通过这样的方式来保护自己。

要想探索冰山系统，就要觉察我们的无意识行动，从而去了解我们的无意识心理结构。

第 2 步：在无意识行动中探索冰山系统

我们一旦能熟练地觉察自己的无意识行动，就具备了探索冰山系统的基础，从而做深度觉察，去探索更加细微之处。在这个过程中，我们需要向自己问一些问题（见表 8-3）。

表 8-3　　　　　　　　　　在无意识行动中探索冰山系统

内心的体验性结构	冰山系统	觉察的自我提问
意识过程	行动	我刚才做出了什么样的行动（无意识行动）
水平线 （意识和无意识交界处）	应对姿态 （惯性沟通模式）	在刚才的行动中，我运用了什么样的沟通姿态（讨好、指责、超理智或打岔）

续前表

内心的体验性结构		冰山系统	觉察的自我提问
无意识过程（越往下就属于无意识过程中越深层的部分，越难以被觉察到）	直观情感	感受	在运用沟通姿态回应前，我产生了什么感受
		感受的感受	在产生了这些感受之后，我对自己的这些感受又产生了什么的感受
	心理现实	观点（信念、假设、成见、解释、预设立场）	• 因为我认为……（观点），所以我认为事情是……（什么样的），这和我的观点符合/不符合，使我产生了什么感受 • 基于……（观点），让我产生了什么感受
	深层内在	期望（未满足的期望）	• 我之所以持有这些观点，是因为我对事件的发展方向和路径有什么样的期望 • 这些期望如何形成了我的观点
		渴望人类共有的（被爱、被接纳、有意义）	• 我期望事件按照这些特定的方向发展，是因为我渴望什么样的特定的重要感受 • 这些渴望如何影响了我的期望
		自我（生命力、核心）	• 我想要成为的理想自我是什么样的 • 能够实现理想自我对我来说意味着什么 • 这种对理想自我的追求如何影响了我的渴望，如何让我渴望那些特定的重要感受

人们通常会通过分析和回忆的方式来回答上述问题，但借助不同方式将会得到不同的结果。

分析是运用理性思考的方式，回答自己对这个问题指向现象的看法，是对"我认为的自己是什么样子的"的判断。这种判断有很强烈的主观性，常常无法反映实际的客观情况。因此，运用这种方式回答以上问题，往往不能帮助个体产生新的觉察，得到的冰山系统往往反映的是个体的旧的认识，这对于自我探索的帮助甚微。

回忆是运用探索记忆的方式，回答自己对这个问题指向现象的观察，是对"我实际是如何经历这些现象的"的归纳。这种判断相对来说更加客观，能较好地反映出个体内心的真实样子。因此，运用这种方式回答以上问题，通常可以帮助个体产生许多新的觉察，得到的冰山系统是个体通过实地探索产生的新的认识，也是自我探索的核心目的。

第3步：记录冰山日记

探索某一个无意识行动能帮助你了解自己冰山系统的一个点；探索更多的无意识行动能够帮助你了解自己的许多面；如果能长期坚持探索无意识行动，就会帮助你描绘出自己深层内在的立体样貌。想要实现这种觉察维度的升级，就要用到一个简单、有效的工具——冰山日记。

记录冰山日记，就是长期坚持有意识的自我觉察。**只有做好自我觉察，才能成为更好的自己。**

第4步：改善核心自我系统，优化无意识运行过程

冰山系统是围绕自我构建的，因此自我功能的状况也决定了无意识运行的整体状况。本书将在第三部分和第四部分介绍改善核心自我系统的具体技术。

今日功课

请按照下面的指导开始练习。尽量运用直觉来回答以下问题。

第1步：回想你曾经历过的一次无意识行动。在情绪的驱使下，你做出了什么样的行动？

第2步：在上述行动中，你运用了什么样的应对姿态（讨好、指责、超理智或打岔）？

第3步：在运用沟通姿态回应前，你产生了什么感受？你对自己的这些感受又产生了什么感受？

第4步：因为你认为……（观点），所以你认为事情是……（什么样的），这和你的观点符合/不符合，进而使你产生了什么感受？基于……（观点）让你产生了什么感受？

第 5 步：你持有这些观点是因为你对事件的发展方向和路径有什么样的期望？这些期望如何形成了你的观点？

第 6 步：你期望事件按照这些特定的方向发展，是因为你渴望什么样的特定的重要感受？这些渴望如何影响了你的期待？

第 7 步：你想要成为的理想自我是什么样的？能够实现理想自我对你来说意味着什么？这种对理想自我的追求如何影响了你的渴望？如何让你渴望那些特定的重要感受？

第 8 步：对于这次对冰山系统的探索，你获得了什么样的启发和收获？

经过以上练习，你应该能够更好地掌握如何运用冰山系统进行深入的自我探索。第 9 课将深入介绍冰山系统的各个部分，帮助你更细致地理解它的结构。

第9课

觉察情感体验
学习接触、接纳、管理感受

知识讲解

第8课介绍了冰山系统。冰山系统最浅层的部分是情感体验,这是启动沟通姿态的直接触发点,本课我们将更加深入地了解它。

许多人在表达情感的时候往往只能用"开心"和"不开心"来表述。难道他们只有这两种情感体验吗?不是的。其实,这种表述只是描述了其自身情感体验的大致类别,无论是开心还是不开心,其中都包含着许多可以被更精细描述的情感状态。如果无法认识到自己情感体验的具体种类,就很难对它进行有效管理了。

既然情感体验是人们自身的一部分,那么为什么人们会觉得辨识自己的情感体验的具体种类很难呢?

对于这个问题,许多心理学家进行了大量的深入研究,这些研究成果能帮助我们理解其中的奥妙。

精神分析学的奠基人弗洛伊德发现,人们的自我希望能够维持正常的生活状态,因而产生了一种适应性的功能,即"防御机制"。它可以对各种各样的情绪体验进行处理,以降低这些情绪对人们生活的影响。

有一些防御机制会让我们减少对消极情感的感知,而有一些防御机制会减少我们所有的情感(包括积极情感、中性情感和消极情感)体验。

除了弗洛伊德发现的防御机制导致的情绪感知偏差以外，认知疗法的创立者阿伦·T. 贝克（Aaron T. Beck）也有一些新的发现。他发现，认知扭曲也会导致情感体验的偏差，如抑郁个体的内在图式会使他们更容易捕捉到事物的消极部分，更容易感觉到消极情感。

除了心理因素以外，文化的许多因素也能使人们远离情感。例如，在启蒙运动时期被大力推崇的"理性主义文化"，让理性成为一种更具优势的文化认同。这导致许多人更愿意保持理智，而将情感视为对理性的干扰和威胁，从而努力通过各种途径让自己远离情感体验。

因此，不管是外部因素还是内部因素，都使人们更倾向于远离自己的情感体验。这会导致什么后果呢？

人们喜欢将情感比作水，因为情感与水有很多相似之处，如"情感失控"和"洪水泛滥"，一旦情感发展到泛滥，就会变得非常难以控制。然而，如果情感没有受到日常的关注和维护，就很容易在"强流"（比较强烈的）袭来时，最终演变成难以治理的"洪流"（失控泛滥的）。因此，如果远离和忽视情感体验，就会使人常常被无意识失控所困扰，这通常表现为个体频繁受情感冲动的侵袭，因此不明所以地做出许多不明智的行动。

要想避免这种情况的出现，就需要学习接触、接纳和管理自己的感受，这是一门重要的功课。

接触感受

感受有一个非常有趣的特性，就是前台－后台自动切换机制，即当有其他任务需要处理时，它会自动进入后台运行（通常会被忽略）；当没有任何需要处理的任务时，它会自动进入前台运行（可以被直观地感觉到）。

当然，也有一种特殊情况，就是过于强烈的感受会喧宾夺主，它会直接抢占前台任务进程和有限的信息处理资源，使原本在前台处理的任务受到极大的影响，甚至无法实现既定的操作目标。

假如这些过于强烈的情绪被强行打断，它们就会像冬眠了一样，暂时停止活动，但又会在某些时刻苏醒过来。

这种特性会引发以下现象：

- 当我们很忙碌的时候，会忽视甚至彻底忽略感受；
- 当我们休息和放松的时候，那些未被处理的消极感受就会浮现出来；
- 当我们感受到强烈情感的时候，就会被情感影响或支配，因而难以完成意志设定的任务；
- 当我们因不想体验某种情感而将其过程打断之后，被打断的情感过程就会不断地重复体验，给我们造成强烈的困扰。

为避免受到消极感受和强烈情感的影响，许多人常会将自己置于繁忙当中；一旦闲下来，就会时刻保持警惕避免感受的浮现，这会导致个体持续处于紧绷状态。

忙碌和紧绷是接触感受的两个核心障碍，只有跨越了这两个障碍，才有可能与久违的感受重聚。因此，**接触感受的前提是我们需要创造出空闲和松弛的时刻，只有当感受能够自动地进入前台运行时，我们才能接触到自己的感受内容**。要想持续接触流淌着的感受，并对它有更深刻的理解，就需要接纳感受。

接纳感受

感受是我们无意识心理对事物进行内在评价后的直观结果，当我们持有某些感受时就会受到它的影响。我们所持有的感受给我们造成的影响经过无意识心理的再度评价，最终产生了感受的感受。

感受的感受代表了我们是否接纳自己拥有这些感受。当我们不接纳自己当前拥有的感受时，就会回到紧绷状态中，以断开自己和感受的接触。

这是我们经常遇到的问题：试图接触感受，却感觉到总会在短暂的接触后又断开，最终导致无法与自己的感受进行持续接触（见图9–1）。

造成这一过程的内在原因是，个体不能接纳所持有的感受，从而导致了持续的与感受"接触–断开"的死循环模式，最终产生了无法很好地接触感受的困扰。这样一来，就只能感受到某些静态的感受片段，却不能感受自己持续流淌的感受，更不能对其产生深刻的理解。

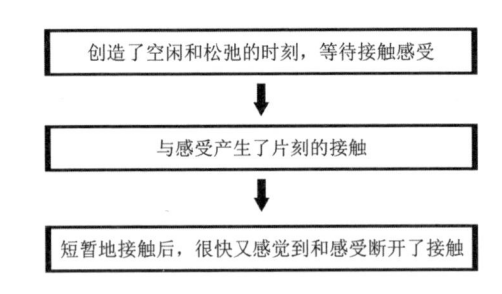

```
┌─────────────────────────────────┐
│ 创造了空闲和松弛的时刻，等待接触感受 │
└─────────────────────────────────┘
                │
                ▼
┌─────────────────────────────────┐
│       与感受产生了片刻的接触       │
└─────────────────────────────────┘
                │
                ▼
┌─────────────────────────────────┐
│ 短暂地接触后，很快又感觉到和感受断开了接触 │
└─────────────────────────────────┘
```

图 9-1　短暂接触感受后断开的心理过程示意图

真的有一些情感体验是我们难以接纳的吗？这一机制是如何形成的？分析心理学创立者卡尔·荣格（Carl Jung）对这个问题进行了深入的研究探索。

荣格先是通过字词联想实验发现了情结的存在。进行字词联想实验时，研究者为被试呈现一系列字词，被试需要根据这些字词说出自己联想到的任意词汇，并由研究者记录下中间的联想时间。他发现，被试会对某些特定的词汇产生明显的时间延长。在之后的实验中，荣格对听到这些特殊词汇时的被试的内在反应进行了更深入的探究。他发现，当被试产生情绪反应时，就会出现字词联想过程延长的现象，联想时间发生了变化。实验表明，被试很容易在某些特定刺激的触发下产生情绪，这些刺激具备某种共性，其所指向的复杂情绪集合被命名为"情结"（complex）。

荣格在随后的深入探究情结的过程中发现了阴影（shadow）的存在。那么，从萨提亚模式的角度来看，该如何理解阴影这个心理机制呢？

阴影是个体难以接纳或强烈排斥的某些情结，这些情结常常是由于经历某些创伤而形成的，这些创伤的存在对个体希望维持完美自我/理想自我的愿望产生了严重的威胁。 因此，需要被置于核心自我系统的角落位置，像被关进监狱一样被锁在了自我的角落，以防它们对个体产生威胁。这类情结就是荣格所说的阴影，本书将在第四部分讲述如何利用萨提亚模式处理阴影。

人们对待阴影的态度通常是排斥的，如同面对某种威胁一样，这是因为人们没有意识到其意义和价值。

与疼痛类似，虽然阴影会给人们带来消极的情感体验，但它却具有关乎生命的巨大价值。如果没有疼痛，我们就不会知道自己是否受到了伤害，也无法对引发疼痛的身体状况做出有效的处理。消极的情感体验也是一样，它存在的意义是让人们关注它和处理它，从而改善让人们感觉不舒适的真正问题。然而，如果我们不接纳这些消极的情感体验，把它们关进监狱里，我们就会像忽略疼痛一样，继续遭受痛苦的折磨，问题也不会得到解决。

如果因为惧怕疼痛而讳疾忌医，就会使问题变得更加严重，最终造成灾难性的后果；如果因为排斥消极的情感体验而忽略它们，也会让心理越来越痛苦，最终形成让人困扰的心理问题。若能够接纳它们，就能利用它们中蕴藏的重要信息帮助人们更有效地解决问题。

管理感受

感受就像烈马，
在我们还不懂得如何与它交流时，我们无法驾驭它，
它会带着我们横冲直撞、失控难管。
一旦我们懂得了如何与它交流，就能够驾驭它，
让它带着我们疾驰飞奔、自由驰骋。

如何与感受交流呢？和面对疼痛一样，只有读懂了感觉信号，才能解决产生疼痛的源头问题。要想管理感受，就要读懂每种感觉所传递的信息。也就是说，感受中所携带的信息就是有效管理感受的引路标。

事实上，不同的情感体验中往往包含着某些指引性信息（即个体的无意识心理对事物的判断和态度），表 9-1 展示了情感体验中蕴含的指引性信息。

表 9-1　　　　　　　　　情感体验中蕴含的指引性信息

情感体验	指引性信息
愤怒	感觉到自己的边界（可能是现实的利益、心理的规则等）受到侵犯
恐惧	感觉到自己不愿意看到的事情即将发生，比如伤害、惩罚等
焦虑	感觉到自己的应对能力可能不足以达到所需的程度
哀伤	感觉到失去了某种在乎的、重要的东西

续前表

情感体验	指引性信息
抑郁	感觉到生活中存在某些无法解决的状况
难过	感觉到自己想要的美好状态被打破了
后悔	感觉到自己的冲动造成了难以挽回的后果

一旦读懂了自身感受中所携带的指引性信息，就能采取有效的针对性措施去处理问题的根源，从而及时改善消极的情感体验。

操作方法

如果有人问你"你现在的感觉是什么样的"，而你的回答是含糊不清的，或是用表示感觉的词语表达想法，你就需要多加练习，才能让自己更好地接触感受。

以下是一些生活中常见的例子。

问：需要打开窗户吗？关窗会不会很闷？
答：还好！（含糊不清，没有真正接触感受。）
问：已经下午一点半了，你饿了吗？要不要先停下来去吃午饭？
答：忙完这件事再说吧！（没有接触身体知觉。）
问：你和那个人吵了一架后感觉如何？
答：那个人太不讲理了！（用表示感觉的词语表达想法，明明很生气，却没有接触自己生气的情绪体验。）

感受的接触可以由外而内，从日常生活中的冷、热、饿、饱、累、舒适等开始。例如，冷了加衣，热了降低室内温度；饿了先用餐，饱了停止进食；累了先休息……这些看似很平常，却是与感受联结的重要基础。

感受还是人们在经历事情时内在产生的情感与情绪体验，如生气、害怕、委屈、开心、激动等。

在你遇到什么事情后，如果感受到自己呼吸急促或心跳加快，那么可以先停下来，试着去接触自己的内心，然后问自己："我在此时此刻感觉到了什么？我的心情是什么样的？我的情绪是什么样的？"

以下是一个自我对话的举例。

哦，我的感受原来是害怕！
是的！刚刚，我感觉到的是害怕！（接纳）
面对这些害怕，我该怎么办？
我可以做几个深呼吸，也可以适当地表达我的害怕，还可以……（管理）

接触、接纳和管理感受的具体操作步骤如下。

第1步：接触感受

接触感受，就会创造空闲时刻和放松状态，为感受浮现腾挪内心的空间。具体方法如下。

创造空闲时刻

"空闲时刻"是指头脑中没有执行任何任务的状态，最初可能需要在没有任何外界事物干扰的情况下才能创造，随着能力的提升，在有外界事物干扰时也能够创造。它既可以是整段持续式的，也可以是零散片段式的。初练时可以主要采用整段持续式，熟练后可以在日常生活中加上零散片段式的。

对于有些人来说，尽管创造出了无任务的时间段，但仍然无法拥有空闲时刻。原因在于，虽然没有外部任务了，但内在任务并没有停止，此时就需要借助创造放松状态的方法了。

创造放松状态

紧绷状态是内心任务难以停下来的元凶，它最初是人类心理为了应对自然界中的危险而存在的状态，但也有一些人因存在广泛性焦虑而时刻处于紧绷状态，因为他们的内心总是在不停地处理着各种任务。

要想真正创造空闲时刻，最重要的就是进入放松状态。

我们可以从身体开始，运用渐进式放松的方法进入放松状态。这是一种逐步放松法，即按照从头到脚的顺序依次进行放松的方法。这个方法操作简便，易于掌握。

除了身体上的放松外，还需要心理上的松弛，这比身体放松需要更多的刻意练习。要想让心理松弛，就需要放下对结果的期待，即不对自己的行动产生任何形式的预期——不仅包括日常正在进行的事务，还包括放松这件事本身。因为期待结果会让人过度用力，精神上的过度用力会让人进入紧绷状态。

在内心中腾挪空间

在学会创造放松状态之后，还需要学会在内心腾挪空间，以便让前台有空间来容纳原本处于后台的情感体验。

要想给内心腾挪出空间，就需要学会放空技巧。

放空类似于发呆，其本质是进入一种恍惚的意识状态，最简单的方法就是使用凝视发散法，即让眼睛凝视任何一个事物，让眼神变得发散，不再聚焦，慢慢放空自己的意识，进入一种相对恍惚的状态。

停止了意识前台正在运行的众多进程，就能让处于后台的感受自动进入前台。

第 2 步：接触持续流淌状态的感受流

在你接触到感受之后，就需要保持持续的接触了。然而，由于有阴影的存在，因此保持接触会显得非常困难。

要想改变对阴影的看法，就要先意识到**阴影不是垃圾，而是未打磨的璞玉，是未开采的宝藏**。然后，要去探索和发现这份情感体验存在的价值和意义，这样才能让潜意识越来越接纳这些情感体验。

当然，还可能存在一些特别顽固的阴影，这就需要我们疗愈那些产生阴影的创伤，即做一些额外的疗愈工作来转化它们。

第 3 步：解码并读懂感受，理解感受中携带的指引性信息

这个步骤是整个过程中最核心的一步，其核心目的是为我们理解自己的感受搭建地基。

要想读懂感受，就要借助解码感受中蕴含指引性信息的具体问题（见表 9-2）。

表 9-2　　　　　　　　解码感受中蕴含指引性信息的具体问题

问题	作用
你的感受是什么	这个问题带着你去接触自己的感受，在持续接触感受的过程中，你会慢慢感知、读懂和理解其中蕴含的信息
• 你对于这份感受的感受是什么 • 你接纳这些感受吗 • 阻碍你接纳这些感受的原因是什么	这几个问题有助于你理解自己对这些感受的态度，更好地接纳自己的感受
• 这些感受是在什么时候开始出现的 • 当时发生了什么	这几个问题有助于你意识到感受出现的时刻，从而了解这些感受出现的具体情境，你可以在此基础之上更加深入地理解感受形成的过程
• 让这份感受出现的触发点是什么 • 与之前出现这个感受时的触发点有什么共同之处	这几个问题有助于你了解这份感受出现的众多触发点以及它们的共性所在，并最终认识到这些触发点共同指向的特定心理意义（即心理认定了是什么导致了感受的产生）
• 这些感受意味着现实和你的内心渴望之间存在着什么样的关系，是和谐还是冲突的 • 如果是冲突的，那么冲突出现在哪里	这几个问题可以让你看到感受中对于现实的指引性信息是什么，指引性信息代表着内心渴望和现实情况之间发生了什么样的冲突
你需要做出什么样的行动，才能改善内在渴望和现实情况之间的关系	这个问题能够让指引性信息转化为依情绪指引的行动计划，这种内在计划可以帮助你解决问题，改善自己的情感体验

表 9-2 是一个有力的工具，时常练习可以能帮助我们更好地理解自己感受的意义，从而更好地驾驭它们。

第 4 步：运用指引性信息去改善生活状态

这一步骤中最重要的是盯紧目的，而不是坚持手段。

"盯紧目的"指的是知道运用指引性信息是为了改善生活状态，因此不能简单地坚持既定的依情绪指引的行动计划。不过，我们可以将这个计划变成尝试性行动清单，换句话说，就是**在情绪指引下通过逐步尝试，找到最适合当下情境问题的解**

决方式。这样才能真正地改善生活状态，最终有效地驾驭自己的感受。

今日功课

请按照下面的指导开始练习。在回答以下问题的过程中，尽量运用直觉来操作。

第1步：回想一个最近发生的情绪事件。

第2步：试着运用接触感受的方法，你感觉到自己的情感体验是什么？

第3步：你对于这份感受的感受是什么？你接纳这些感受吗？阻碍你接纳这些感受的原因是什么？

第4步：这些感受是在什么时候开始出现的？当时发生了什么？

第5步：导致这份感受出现的触发点是什么？与之前出现这种感受时的触发点有什么共同之处？

第6步：这些感受意味着现实和你的内心渴望之间存在着什么样的关系，是和谐的还是冲突的？如果是冲突的，那么冲突出现在哪里？

第7步：你需要做出什么样的行动，才能改善内在渴望和现实情况之间的关系？

经过以上练习，你应该能够更好地接触、接纳和管理感受。接下来，我们将深入冰山系统的下一个部分，去探索无意识中的观点。

第 10 课

理解浮现的想法
摆脱观点的奴役

知识讲解

第9课介绍了冰山系统中关于感受的部分,本课将阐述其更深层的部分——观点。

观点是个体情绪得以产生的基础,是基于心理现实所做出的内心评断,是对客观现实的内心建构。它容易受到过往经验的影响,是个体无意识过程中的一部分。

个体可以通过对自己意识过程中产生想法的了解来探知自己的观点,不论这些想法是在浮现过程中被感知的,还是通过语言过程被表达的。

基于以下对话和分析,可以了解语言、想法、观点、心理现实和客观现实之间的关系(见表10–1)。

A:你刚才的表现还不够好。(认为自己只是在对客观情况进行反馈。)

B:你这么说伤害了我,你需要向我道歉我才能原谅你。(认为对方伤害了自己,需要对方向自己道歉。)

A想要传达的意思被B理解为一种伤害,为什么会出现这种情况?B经历了什么过程?观点在这个过程中又起到了什么样的作用?

表 10-1　　　语言、想法、观点、心理现实和客观现实之间的关系

一级概念	二级概念	三级概念	B 的内外过程	说明
所处世界	现实过程	客观现实	听到 A 说"你刚才的表现还不够好"	事实的真实发生部分
个体内心	无意识过程	心理现实	我感觉 A 刚才说的话没有考虑到我的感受，这让我很痛苦	事实的内心建构部分
		观点	事件性观点（看法） 观点 1（意义标签）：A 的话语就是要伤害我，既然 A 伤害了我，就得向我道歉 规则性观点（信念） 观点 2（意义规则）：只要不注意别人的感受，就是在伤害别人 观点 3（应对规则）：只要伤害了其他人，就得向被伤害者道歉	• 观点的本质是一套依据规则的判断流程，用以帮助判断事件对于自己的意义，对事件形成确定的看法 • 看法是一系列事件性观点，即对于事实的意义标签（以下简称为"意义标签"），这是这套判断流程的结论部分 • 事件性观点（看法）是基于规则性观点（信念）而得出的 信念是一系列规则性观点，它是一套内心的规则，也是判断流程的依据。它既包含了认定意义的规则（以下简称为"意义规则"），又包含了对某种特定意义事件的应对规则（以下简称为"应对规则"）
	意识过程	想法	他伤害了我，需要向我道歉	对看法的具体化表达，形成了大量想法
		语言	对 A 说："你这么说伤害了我，你需要向我道歉我才能原谅你。"	对想法的具体语言表达

我们从表 10-1 中可见，观点在整个认知过程中起到了核心作用，我们也能根据这些来理解观点是基于什么产生的，以及观点是如何影响我们的想法和语言的。

以下两个问题值得我们探讨：

- B 是否受到了伤害？
- A 是否应该道歉？

关于这两个问题，我们可能会得出以下答案：

- B受到了伤害，A应该道歉；
- B受到了伤害，但A不一定要道歉，可以换一种方式；
- B没有受到伤害，A不需要道歉；
- B受到了伤害，但由于是B自己的问题所致，因此A不需要道歉，而且B需要调整和反思。

我们暂且不讨论上述答案，先来看看我们在直觉上更倾向于相信哪一个答案是正确的？事实上，**答案本身并不重要，重要的是在形成答案的那一刻，我们对这个问题的直觉和感受**。

对于想法（包括刚刚在回答上述问题时的想法或日常生活中的想法），我们在多大程度上（可以用百分比来表示）相信自己对事物的"认为／认定结果"（或没有怀疑它）？

大多数人很少会对自己的想法产生怀疑，虽然他们也知道自己的想法未必都是正确的，但还是会继续坚持很可能存在错误的那些想法。对于大多数人来说，观点是一种"内在真理"，它的正确性属于"自明之理"，即对自己来说完全不需要证明它的正确性，因为它从诞生起就没有受到任何质疑。

那么，关键问题来了：如何判断一个观点的正确性？

这个问题本身就存在问题，因为它的背后假定"某种观点是正确的"。既然这样想存在问题，那么我们就需要知道"该如何问这个问题才能通向有所帮助的方向"。

进化论告诉我们，**更具适应性的功能对于生存而言会是更有价值的、更有意义的**，因此，如果从适应性的角度来评价观点，我们就应该这样问：

- 具备什么特点的观点能够帮助我们更好地适应现实环境？
- 具备什么特点的观点最能反映现实情况，并且对现实情况最有帮助？

这个角度为我们探索观点开启了全新的途径，即**放下对"正确性"的执着，去**

寻求一种更具"适应性"的构造方式。

接下来，我们分别从构造地基、运行过程、现实效果这三方面来衡量观点的构造方式是否具有适应性。

从构造地基看观点

心理现实是观点的地基。如果地基出了问题，那么建在地基上面的整座大楼就会出现问题。

心理现实是个体对真实现实的内心建构，是个体对现实的心理模拟（又称"心理表象"）。如果这个心理模拟和真实现实不一致，就会导致我们做出错误的应对行为，这个现象通常被称为"妄想"。

妄想是因个体的心理现实和客观现实出现严重偏差而导致的，即个体用想象给事实添枝加叶。

那么，我们如何知道心理现实中哪些是事实、哪些是想象呢？

通常情况下，事实是我们通过感官所直接获取的一切能够反映客观实际的情况；想象是在感官的基础上将不充分的信息自动补充完全后所形成的故事，这些故事反映的就是我们对事实的想象。二者区别如表 10-2 所示。

表 10-2　　　　　　　　事实和想象的区别

事实	想象
感官信息： C 脸色苍白、眉头紧锁	故事版本 1：C 可能是因为昨天被训了，所以今天闷闷不乐
	故事版本 2：C 之前说自己和男朋友闹矛盾，可能是又和男朋友吵架了
	故事版本 3：C 应该是不太舒服，她身体不舒服时脸色就会不好

我们由此可见，接收到同一个感官信息我们可以创造出多个版本的故事。

我们接收到感官信息的瞬间，无意识往往会自动运用想象去补足不充分的信息，然后编织一个完整的故事。这个过程发生得非常迅速，以至于我们从来没有注意过它的存在。这就导致了我们在意识中只看到某个版本的故事，并依据这一故事版本组织了观点，从而在后续产生了一系列的想法和语言。

因此，想要观点的构造方式更具适应性的第一个关键点，就是要让观点基于更能够反映客观实际情况的心理现实。这通常需要个体有能力区分事实和想象，能够在内心构建出更贴近实际情况的故事，甚至构建出某种多重平行故事（即保持多重可能开放性的故事形态，根据新的事实可以随时发展的故事）。

只有以更贴近客观现实的心理现实作为基础，才有可能构建出更具适应性的观点。接下来，我们来从运行过程看观点。

从运行过程看观点

许多人的观点系统的运行方式存在问题，有很多非常形象的词语可以描述这一情况，比如"认死理"（日常用语）、"钻牛角尖"（书面用语）和"偏执"（心理学用语）。

这样的状态是如何形成的？在回答问题之前，我们先来了解观点系统的两种运行结构：

- 一种是既有的运行规则，又称信念系统，是一些判断方法和处理规则的集合；
- 一种是启动运行的启动按钮，又称心理事件，是某些被识别为具有特定意义的心理现实。

值得注意的是，启动按钮（心理事件）的认定规则也是运行规则（信念系统）的一个部分，它决定了如何给知觉过程形成的心理现实赋予意义。而这些具备某种特殊意义的心理现实，我们称其为"事件"。换言之，**事件就是被贴了意义标签的心理现实，这些意义标签就是观点系统的启动按钮（心理事件）。**

因此，运行规则（信念系统）是整个观点系统的核心部分，与机器的模板能决定生产出的产品样貌一样，运行规则（信念系统）决定了整个观点系统的生产过程和生产出的想法。

运行规则（信念系统）存在两种不同的基本形态模式——封闭模式和开放模式，这两种截然不同的形态模式差异决定了我们的观点系统是否能适应现实世界。

这两种模式的根本差异在于，信念系统本身是否拥有良好的自我迭代机制，是坚固的还是弹性的？对现实给予的反馈是极力抗拒的还是乐于接纳的？二者的具体差异见表10-3。

表10-3　　　　　　　　　　封闭模式和开放模式的差异

差别点	封闭模式	开放模式
日常表现	比较坚持自己的想法，自己的想法具有更高的优先度，比较固执，更是难以接受相反的想法	比较愿意将不同的想法放在一起平等地对待，看看是否能产生更好的想法
社会评价	认死理、钻牛角尖、偏执	开通、兼听则明、灵活
表达形式	只有这样才对，其他都不可能对	坚持观点未必可行，只有试试才知道
信念形态	秉持信念成了武断的内在真理，即认为某些观念是具有绝对正确性的，不接受这些观念有任何调整的可能，自己需要彻底遵循这些观念	秉持信念的效用有待探索，即认为没有哪种观念具有绝对的正确性，任何观念都是无数可能的表征/方案中的一种，其效用性需要在现实中进行验证
运作机制	自循环加固机制 当信念被实现 我的内在信念确实是正确的，它总是能够被证明是正确的 当信念未能实现 我的内在信念不会错，错的是现实中的要素，一定是现实层面出了某种问题，才没有实现信念	外循环迭代机制 当信念被实现 我的内在信念可能有其正确性，还需要收集更多证据 当信念未能实现 我的内在信念需要迭代，现实不会错，一定是我的信念有需要调整的地方，通过调整可以迭代它们
核心态度	排斥相反证据，只接受加固证据	考量相反证据，整合进入信念
现实反馈	缺失现实反馈的主观化机制 完全不/极少/难以从现实中吸收反馈信息，不调整信念系统	具有现实反馈的客观化机制 很容易/经常/乐于从现实中吸收反馈信息，以调整信念系统

当然，几乎不存在彻底秉持某一种系统的个体，大多数人通常都会有两种运行模式，只是两种模式各占一定比例，但总有一种系统更占主导地位、占有更大比例、影响更加强烈。

因此，个体只有充分认识自己运行规则（信念系统）的基本模式，才能找到更具效用的方式。

从现实效果看观点

在三个衡量观点的角度中，现实效果是最为重要的。究其原因，我们可以从观点系统存在的意义说起。

从本质上说，观点系统是一套快速判断系统，它是一种能够帮助个体快速应对复杂多变世界的心理机制。比如，被火伤害过的人会形成"火是危险的，需要远离它"的观点。当他再次遇到火的时候，就会立刻远离。

观点是我们对生活经验的总结，能帮助我们在以后更好地应对生活中的各种状况。换言之，观点系统的存在能让个体吃一堑、长一智。然而，**有时增长的不一定是智慧，也有可能是偏见。**

观点的优势在于快，因为只有快才能够应对五彩斑斓、光影闪变般的生活；但它的劣势也是快，使人容易被既有的认识局限，错误地处理当下的情况。因此，区分某种观点到底是智慧还是偏见是非常困难的。那么，我们该怎么办呢？

如果一种观点从正反两方面辩证地去看都很有道理，就需要在现实世界进行实验性探索，看看到底哪种观点更具现实效果。通过现实效果去探索观点，这帮助我们建立了现代科学，并造就了近几百年人类文明的聚变式爆炸发展。

其实，这种取向并非人类专有。进化论让我们知道，虽然存在多元化的生物功能，但是最终能够发展壮大的是更具有适应性的功能（即有更加强大的现实效果）。人类只是发现了这个自然规律，并将其运用在知识创造领域，帮助人类文明发展出越来越多的更具适应性的知识。

现实效果既是混杂在观点集群中偏见观点的照妖镜，又是帮助初始观点得以不断迭代，使其变得更加贴近现实的有效手段（见表 10–4）。

注重从现实效果中获取反馈可以拓宽我们所秉持观点的狭窄范围，让这些观点能够帮助我们更好地解决问题，提升我们适应生活的能力。

表 10-4　　　　　　　　基于现实效果反馈帮助观点不断迭代的过程

时间点 1	初始状态	观点	犯错是一件可怕的事情，做事需要尽量避免犯错
		行动	日常做事的时候非常讨厌犯错，很注意自己的行为细节，努力做好并且不犯错
	现实效果	发现	通过阅读，知道了有许多重要的创造都源自一些"美丽的错误"（如可口可乐的创造①）
		反思	因为自己过于注意避免犯错，缺少了对"美丽的错误"的留意
时间点 2	发展状态	观点	犯错虽然可怕，但是"美丽的错误"也是有价值的
		行动	日常做事时还是会比较谨慎，但会留意错误中是否存在有价值的部分
	现实效果	发现	通过实践经历，发现我们无论多么努力好像都无法避免错误；我们在对错误的反思中有许多"意外收获"，而且好像都很有价值
		反思	错误是我们从现实中获得的反馈，从错误中吸取的反思性经验能够帮助我们获知关于如何改善的方向
时间点 3	更优状态	观点	错误是成长过程中的必要元素，从错误中汲取的经验是成长的核心养料
		行动	做事时不那么讨厌犯错了，更在意对于错误的反思和找到错误中有价值的反馈信息，根据这些信息及时调整方向或方式，以获得更好的效果
	现实效果	发现	秉持这个观点比秉持之前的观点能让自己在做事时更加放松，做完后能够获得更多的养分，成长的速度更快了，做事的效果也变得更好了
		反思	秉持不同的观点会有不同的现实效果，也许可以让自己更多的观点在现实效果的帮助下不断得到迭代
时间点 N	观点进化	提升适应性	对秉持的更多观点进行了迭代，这很像黑格尔等哲学家所说的观点的"辩证发展"过程，人类哲学、科学的发展就是观点不断迭代的过程

---

① 可口可乐的创造源自一个"美丽的错误"。药剂师彭伯顿（Pemberton）在美国佐治亚州亚特兰大市家中后院调制出新口味糖浆，并拿到当时规模最大的雅各（Jacob）药房出售。百忙之中，助手误把苏打水与糖浆混合，却令顾客赞不绝口。

操作方法

如何摆脱观点对我们的奴役？可以参考以下步骤。

第1步：用语言表述自己对某事的想法

用语言表达内心的想法能帮助我们更好地认识自己的观点。因为在日常情况下，想法就像一团乱麻，如果不去梳理就无法真正地看到它的全部内容。书写和做对话记录（即记录与他人实际对话的内容）都有助于了解自己的想法。

第2步：探索想法基于的心理现实是属于事实还是想象

在了解了自己的想法之后，就可以去探索这些想法构建的基础（即心理现实）了。心理现实是个体知觉对现实世界的素描图画，需要分辨这个素描是忠于原本对象的写实，还是对某些部分进行了改编的漫画。也就是说，要分辨出哪些部分的心理现实属于事实，哪些属于想象。

区分事实和想象的方法是，看看是否存在直接的客观证据。也就是说，事实只是感官接收到的信息；想象则是没有直接的客观证据的逻辑推理、推测、猜想等。

对事实和想象进行了区分之后，我们就需要去掉内心中对现实世界的素描图画的所有想象部分，只保留事实部分，逐步使漫画朝着写实的方向调整。

第3步：觉察产生想法观点的过程，是属于开放模式还是封闭模式

接下来，我们可以一起去觉察想法的产生过程，这一过程比探索心理现实要复杂得多。这一过程就像是一个自动运作的程序，我们只需要觉察这个程序是否足够良性（即是开放模式还是封闭模式），并基于这种觉察对它进行程序的迭代。

区分开放模式和封闭模式的方法是，我们对现实反馈（特别是预料之外的非渴望结果）的态度是接收还是排斥。

如果这个程序是属于封闭模式的，那么我们就需要调整对待现实反馈的态度，去探索现实反馈中所蕴含的重要信息，并运用这些信息不断地迭代自己的观点。

第 4 步：对秉持这个想法进行现实效果评估

一个人秉持某一观点后会对现实世界产生以下两类影响：

- 自己的——语言表达、行为（做或不做）、计划、情绪等；
- 别人的——感受、想法、态度、情绪、语言等。

进行现实效果评估的关键问题是，这些影响是我们想要的吗？它会让一切变得更好吗？

如果这些想法不是我们想要的，我们就需要调整自己的观点，直到秉持某种观点后能够产生自己想要的状态。

这个问题有助于我们更好地理解秉持什么样的观点会有助于让现实世界中的一切变得更好。

第 5 步：根据现实效果对自己秉持的观点进行持续迭代

这个环节具有非常重要的意义，它在现实效果反馈的推动下促使了观点迭代的发生。具体的操作过程是，我们可以根据现实效果重新对所需要面对的情况提出几种可能的观点，然后逐步尝试秉持哪种观点产生的效果更佳。

当然，观点迭代的过程不是一蹴而就的，需要学习新的观点，不断尝试各种可能性，在众多既存的观点中挑选出效果更具现实效果的、更有效率的。只要这个过程持续进行，就能够让我们的观点系统越来越拥有适应力，从而让我们在面对日常生活时拥有更好的应对能力。

今日功课

请按照下面的指导开始练习。在回答以下问题的过程中，尽量运用直觉来操作。

第 1 步：回想一件最近让你对结果感到不满意的事，描述这件事，并说明你为什么对结果不满意。

第二部分
让人生开始改变

第 2 步：你在整个事件过程中存在着什么样的想法？这些想法对你的行动有什么影响？

第 3 步：这些想法中的哪些部分是基于事实的，哪些部分又是基于想象的？

第 4 步：秉持这些想法时，对这件事，你有可能接受不同的想法吗？产生这个想法的过程是属于开放模式还是封闭模式？这对于这个想法有什么影响？

第 5 步：秉持这个想法对你有什么影响？对他人有什么影响？对整件事有什么影响？

第 6 步：这些影响是你想要的吗？秉持什么样的想法会对你想要的更有帮助？

第 7 步：你从结果中获得了什么反思？重新认识这件事还可以提出哪些理解它的构想？去尝试这些新的想法可能会如何？

经过以上练习，你应该能够更好地摆脱观点的奴役。在第 11 课，我们将会深入冰山系统最核心的部分，帮助你理解深层内在的期待和渴望。

第 11 课

你的自我想让你往哪儿走
理解深层内在的期待和渴望

知识讲解

第 10 课介绍了冰山系统中的观点部分,本课将探索更核心的部分——深层内在。

深层内在包括三个层面:期待、渴望和自我。我们可以把它们想象成同心圆结构,从内到外分别是自我、渴望、期待(见图 11-1)。表 11-1 介绍了深层内在的具体结构及运作过程。

图 11-1 深层内在的具体结构及运作过程示意图

表 11-1　　　　　　　　　　深层内在的具体结构及运作过程

体验性名称	机能性作用	具体结构及运作过程
自我	指挥中心（核心指挥系统）	• 为了实现理想自我而存在的核心生命愿景，为自我指明了总体方向，自我会运用所掌握的一切资源走向核心生命愿景，这是动力生成的源头 • 自我作为指挥中心，驱动心理运作，并制定总体的行动方针
渴望	战略蓝图	• 渴望是基于核心生命愿景而产生的主观世界诉求，是自我制定好的战略蓝图，是一种不考虑现实情况的方向性希望 • 渴望是核心诉求的蓝本，并不是那么清晰。然而，只要在现实层面存在实现的可能，它就会开始变得越来越清晰和特定，最终形成了具体的期待
期待	现实走向预期	• 期待是基于主观世界渴望的诉求，结合客观现实的实际情况，在客观世界中形成的实现方案和预期路径 • 期待是关于现实世界走向的非常具体的预期，这些预期会影响知觉，并在同时决定了观点和感受如何被组织

通过了解深层内在的具体结构及运作过程，我们能更好地理解人的一个重要属性——状态。

几乎每个人都出现过类似情况：状态好的时候，观点系统运作优良，情感体验非常积极；状态不好的时候，观点系统运作频频出问题，情感体验也变得消极。

接下来，我们将详细探讨一下这四种状态：强迫状态、抑郁状态、冲突状态和宁静状态，进而了解深层内在与状态之间的紧密联系。

强迫状态

强迫状态是一种会导致人们出现过度/重复行为的状态，人们希望通过这种状态的驱使，让现实尽可能地趋近核心生命愿景。其内在机制为，自我为了维持某种超出实际的核心生命愿景而产生了过度努力行为，以促使现实情况尽可能符合刻板期待。举例如下：

- 教育孩子时，让孩子的行为必须符合某种规范；
- 做某件事时，必须达到某种标准；

- 规划人生时，要求自己必须成为什么样子。

表 11-2 更加深入地阐述了导致强迫状态的深层内在结构。

表 11-2　　　　　　　　导致强迫状态的深层内在结构

体验性名称	深层内在情况	具体说明
自我	幻想的自我	存在着某种超出实际的、对核心生命愿景的幻想，如无比完美人生的幻想（不可以有任何瑕疵）、绝对正确的人生幻想（不能犯任何错误）等
渴望	过度的渴望	这些幻想让个体产生了过度的渴望，过于强烈地希望实现自己想要的理想状态，这些渴望变成了不得已而为之的事物，从而产生了内在的强迫性动力
期待	刻板的期待	过度渴望会扭曲对现实的看法，因而形成对现实走向的刻板期待。其结果就是，努力让现实维持在某种状态中，以期将现实维持在幻想中期待的状态。为了不让这些幻想被现实打破，因而产生了过度努力维持的行为，这就是强迫行为

抑郁状态

抑郁状态是指因为自己认为失去了实现核心生命愿景的可能，从而导致失去希望/放弃努力的一种状态。其内在机制为，自我丧失了实现核心生命愿景的信心，从而产生了消极的期待并彻底失去了前进动力。举例如下：

- 分手后，认为自己很难再找到好的伴侣了，每天醉生梦死；
- 考试失败后，认为自己的人生毫无希望，每天闭门不出；
- 面试被拒后，认为自己很难再找到工作了，连续几个月都不再尝试面试。

表 11-3 更加深入地阐述了导致抑郁状态的深层内在结构。

表 11-3　　　　　　　　导致抑郁状态的深层内在结构

体验性名称	深层内在情况	具体说明
自我	无望的自我	在很大程度上甚至是彻底丧失了实现核心生命愿景的信心，感觉理想愿景与现实的差距太大且不可能被改变，因而失去希望

续前表

体验性名称	深层内在情况	具体说明
渴望	缺失的渴望	失去希望使渴望本身变得不再重要，自觉所拥有的渴望都成了无法实现的海市蜃楼。不仅如此，由于尚存渴望，故又不断引发沮丧，这时只能放弃了渴望，这会造成彻底丧失了生活的动力
期待	消极的期待	拥有渴望会带来痛苦，没有渴望会没有动力，因此个体认为无论如何，客观现实都会朝着消极的方向发展，一切都只会变得越来越糟糕

冲突状态

冲突状态是指因为同时拥有多种相互冲突的核心生命愿景而产生的一种持续纠结/内心斗争的状态。其内在机制为：自我因为多种矛盾的核心生命愿景的对立，产生了冲突的期待，并引发了纠结、内心斗争。举例如下：

- 既想控制体重，又想吃美食，在面对美食时很纠结；
- 对爱人感到厌恶，又感觉自己肩负责任，因此对于是否要离婚感到矛盾；
- 对父母管教自己的方式很反感，又要依靠父母提供的资金，在面对父母时经常会感受到内心斗争。

表 11-4 更加深入地阐述了导致冲突状态的深层内在结构。

表 11-4　　　　　　　　导致冲突状态的深层内在结构

体验性名称	深层内在情况	具体说明
自我	分裂的自我	拥有多个彼此矛盾的核心生命愿景，哪个都不能割舍。导致自我产生了严重的分裂，无法做出统一的指挥指令，并且各自为政
渴望	混乱的渴望	多个矛盾的指令形成了混乱的渴望群，各种渴望之间相互矛盾且互不相让
期待	冲突的期待	混乱的渴望变成了从现实走向需要的实际冲突，实现了一种走向就会无法实现另一种走向，最终导致无法抉择或内心持续斗争

安宁状态

安宁状态是因为能够拥有相对客观、统一的核心生命愿景而产生的一种没有内在干扰/痛苦的状态。其内在机制为：自我在众多较客观的核心生命愿景中形成了统一的理想自我，从而形成了和谐的期待并消除干扰，实现了内心安宁。举例如下：

- 上台演讲时，只想着和大家进行真心交流，因此在整个讲述过程中都很放松；
- 向顾客展示商品时没有急于成交，因而和顾客的交流非常自然、松弛；
- 打比赛时，放下了对输赢的执着，因此能非常轻松、专注地参与比赛。

表 11-5 更加深入地阐述了形成安宁状态的深层内在结构。

表 11-5　　　　　　　　　　形成安宁状态的深层内在结构

体验性名称	深层内在情况	具体说明
自我	统一的自我	先后出现的核心生命愿景都是客观可实现的，而且它们可以被整合成一个统一的理想自我的形态，内在基本没有分裂（冲突对立）或主观（过度激进/过分消极）
渴望	平衡的渴望	良好的理想自我可以让各种渴望之间形成平衡的良性关系，不会因过度追求某种渴望而损害了其他渴望，并在同时产生适合且持久的动力
期待	和谐的期待	因为渴望得到了良好的平衡，所以没有了内部斗争或过度（要求/消极），对现实走向的需要变得和谐起来。不存在任何干扰内在的因素，安宁和松弛得以实现

通过对以上四个状态的讲述，我们可以看出深层内在（自我、渴望和期待）和状态之间的紧密关系，以及对深层内在影响最大的核心因素——自我追寻的核心生命愿景。

然而，无意识过程越往深处越难以被觉察到，除非经过常年的修习，否则个体难以直接觉察到自我的存在和运作。

不过，好消息是，**期待是相对容易觉察到的**。期待是我们对现实走向的预期，它既决定了我们的观点如何被组织，又决定了情绪在什么情况下会被触发。通过细致地观察自身的情绪触发和观点组织的过程，有助于我们了解自己的期待。我们通过期待就可以了解自己有什么渴望，最终通过渴望了解自我的实际样貌。

读到这里，你是否会心存疑问：了解自我这么麻烦，真的有必要这么去做吗？

没错，的确有必要这么去做。因为如果不通过这个过程，我们所了解的自我就只是"我认为的自己"，而不是"真实存在的自己"。

A 是一名很成功的理财经理。他觉得自己是个很真实的人，可是每当别人问起自己原生家庭的家境时他都会有所隐瞒，他也对此感到很苦恼。

表 11-6 以 A 为例，描述了"认为的自己"和"真实的自己"的区别。

表 11-6　　　　　　　"认为的自己"和"真实的自己"的区别

自我的面相	描述点	具体情况
认为的自己 （希望的样子）	自我概念	我是一个非常真实的人
真实的自己 （实际的样子）	行动	每次面对别人问自己原生家庭的家境时都会隐瞒
	感受	害怕别人会因为知道了自己原生家庭的家境而看不起自己
	感受的感受	不喜欢这种害怕的状态，尽量掩饰问题的存在，对于"害怕"感到焦虑
	观点	需要尽量避免自己暴露原生家庭的家境，才能降低被人瞧不起的可能性
真实的自己 （实际的样子）	期待	希望自己的所作所为可以被周围的人赞美
	渴望	渴望拥有成就感
	自我	我希望成为有价值的人
原生家庭 （父母的造就）	经历	父亲一直觉得母亲家境不好，因此常常对母亲表现出嫌弃的状态；后来父亲也投资失败、负债累累，常常自怨自艾没办法给 A 更好的生活

对于 A 来说，"真实"和"价值"是两种矛盾的核心生命愿景，它们共同造就了 A 的内心冲突，这也成了 A 烦恼的根源。

因此，如果 A 想拥有更加幸福快乐的人生，就要把"真实"和"价值"整合成一个统一的核心生命愿景。

自我的作用如此重要，以至于我们需要通过提升它来使我们的无意识过程变得更好。既然如此，接下来的这个问题就变得至关重要了：提升自我容易吗？有好的办法吗？

俗话说"冰冻三尺非一日之寒"，自我的形成也非一朝一夕，因此要想提升自我并非易事。不过，如果掌握了有效的方法，提升自我就有了可能，这就是为什么会存在"士别三日当刮目相待"这种现象了。

自我是个体在与原生家庭的互动中建立起来的，因此它受到了原生家庭的强烈影响和限制，这也是原生家庭对于自我的桎梏。**即使走出了原生家庭的桎梏，自我本身也是一个复杂的系统，要想改变它，就必须深刻地理解其运作过程，才能够有效地发生蜕变，成为更好的自己。**

本书的第三部分为个体走出原生家庭的桎梏提供了大量辅助技术，这些技术能够将个体的自我从原生家庭遗留的牢笼中释放出来；第四部分则为自我蜕变提供了大量技术支持，能帮助自我在走出牢笼的基础上变得更好。

操作方法

第1步：记录不满意的具体行动

具体行动是探知无意识过程的大门，通过具体行动了解深层内在可以去除对自己的主观臆测，帮助我们更加客观地认识自己。

某个让我们自己不满意的具体行动是给我们增添烦恼的制造者，对不满意的具体行动的记录所指向的深层内在就是我们需要改善的部分，这是一个在复杂的深层内在系统中找到问题点的简便方法。

对不满意的具体行动的记录可以采用日记记录法，也可以采用心里默记法。建议初期练习者使用日记记录法，在能做到熟练操作之后可以使用心里默记法。

在坚持一段时间后，这种记录就会形成习惯，这时，无意识过程会自动帮助我们记录自己的日常行动,帮助我们更好地了解自己的深层内在。因此,这个记录方法是非常有价值的,值得我们努力练习直到完全掌握。

第2步:探索行动背后的状态

在我们对不满意的具体行动有了一定数量的积累之后,就能对它们进行归纳总结了,这么做的目的是让我们对自己做出这些不满意的具体行动时的状态能有更加深入、客观的了解。

我们行动背后的状态通常会表现出三种基本类型:过度的(如强迫状态等)、不足的(如抑郁状态等)、矛盾的(如冲突状态等)。

状态是深层内在运行所形成的结果,我们可以把它作为更深入地探索内在的入口,通过它去接触自己的深层内在。

经过大量的练习,我们就能通过状态的细微差异去发现深层内在的运作形态的不同,从而获得价值无穷的能力。

第3步:觉察并改善期待

如何发现自己的期待?不妨问问自己:我希望事情如何发生?

针对不同的状态,可以采用不同的调整期待的方法(见表11-7)。

表 11-7　　　　　　　　针对不同的状态,调整期待的方法

状态问题	过度	不足	矛盾
期待形态	对现实走向的刻板要求	对于现实走向的缺乏规划	对现实走向预想的冲突路径
改善思路	同一种渴望可以有多种实现方式	渴望需要具备现实走向的规划,才能有具体实现的可能	缺乏一致性的路径会导致两败俱伤,步调一致才能效果更好
改善方法	基于渴望,拓展自己的期待,让期待具有多种可能性,使之拥有能够跟随现实发展而灵活变化的特性	基于渴望制订相应的规划,并将规划形成能跟随现实变化的期待,让规划和期待引领自己的行动	探索相互矛盾的期待背后的两种渴望,重新制定能够同时实现两种渴望的解决方案,并其作为新的期待

续前表

状态问题	过度	不足	矛盾
举例	A希望获得安全感，于是期待通过抓住伴侣来实现安全感的获得，结果这让伴侣感到非常窒息。经过调整，A拓展了多种建立安全感的期待方式，如学习、加入社群并结识可信的朋友等	B感觉自己对未来没有什么期待，因此他每天回家之后就是通过刷手机、玩游戏来打发时间。经过调整，B发现了自己渴望舒适感。通过规划，B希望可以通过努力让自己升职，以获得更多舒适感	C既想要安全感又想要新鲜感，因此每次面对新事物时都会很纠结。经过调整，C发现可以同时满足安全感和新鲜感——在一定范围内尝试新鲜事物，从而解决了原本困扰自己的问题

第4步：体会并调整渴望

相对而言，深层内在的三个层面中更难体会的是渴望，如何能体会到自己的渴望？可以问自己这个问题：在我期待事情的发展中，我渴望实现/拥有什么感觉？

针对不同的状态，可以采用不同的调整渴望的方法（见表11-8）。

表11-8　　　　　　针对不同的状态，调整渴望的方法

状态问题	过度	不足	矛盾
渴望形态	过于强烈的渴望导致了过度的动力	缺乏渴望导致了动力不足	不同种类的渴望交互主导，导致了多种动力抢占行动资源
改善思路	建立多元化的渴望系统，降低对单一渴望的过度追求	拓宽人生体验类型的范围，多去尝试并逐步建立渴望	放下单一渴望主导的状态，尝试同时照顾到多种渴望
改善方法	提升其他渴望的被重视程度，这需要看到那些渴望被实现的价值。尝试感受拥有多元渴望和单一渴望的不同，以及对于状态的影响	过于单一的人生体验类型导致缺乏对渴望的建立，尝试不同的人生体验有助于建立渴望，关键之处在于，需要扩展人生体验类型的多元化	并非一个行动只能实现一种渴望，需要练习在一个行动中同时照顾多种渴望，而不让它们先后主导是消除矛盾的关键之处

续前表

状态问题	过度	不足	矛盾
举例	D只注重安全感，因此活得特别保守。经过调整，D发现除了安全以外，快乐、新鲜、有趣对于生活其实也很重要，因此生活开始变得丰富多彩	E原来一直过的是两点一线的生活，因此他长久以来都以为自己很佛系，无欲无求。经过调整，E探索了许多不同的人生体验，发现自己很享受在艺术创作中的创造感，以及在运动中的成就感	F非常喜欢真实感，但是有些话说完又觉得好像有风险，因为他也在乎安全。经过调整，F可以在说话的同时照顾真实和安全，在自己允许的限度范围内与别人进行真实的交流

第5步：看到并提升自我

经过练习，最终被看到的是自我。那么，如何看到自我？可以问自己这个问题：通过对自己期待和渴望的了解，我们想要实现的是一个什么样的人生？

针对不同的状态，可以采用不同的调整自我的方法（见表11-9）。

表11-9　　　　　　　　针对不同的状态，调整自我的方法

状态问题	过度	不足	矛盾
自我形态	过度美化的核心生命愿景	缺乏向往的核心生命愿景	无法取舍的多种核心生命愿景
改善思路	从现实证据的角度去考虑这个愿景，而不是去设想	去看看不同类型的人的生命故事，看看更加向往哪种生活	既然无法实现每个愿景，那么可以整合出一个最现实的愿景
改善方法	过度美化是一种主观的自我幻想，缺乏现实证据的支撑。通过在现实生活中搜集实际情况的证据，降低过度美化的程度，从而更贴近实际	缺乏向往是由于没有形成理想自我，可以去了解身边、书籍中的各种人生路径，也可以去设想某种人生路径，以形成确切的理想自我	无法取舍是因为对多种愿景能够同时实现心存侥幸，需要认识到这是无法实现的，这样才能整合出一个最可能实现的愿景

续前表

状态问题	过度	不足	矛盾
举例	G觉得富有的人生很美好，因此一心只想努力赚钱，却忽略了其他方面。经过调整，G发现富有并不能解决所有问题，还需要具备其他因素才能拥有真正的幸福。因此，G开始关注生活的其他方面	H一直都是一个"乖孩子"，从来没有关注过学习以外的事情，每天除了学习没有什么其他的向往。经过调整，H阅读了许多心理学家的故事，感觉帮助他人也是一件很幸福的事，因此对学习心理学和帮助他人充满动力	I想成为画家，还想成为电脑高手，这让I对于未来的人生感到很矛盾。经过调整，I发现可以结合这两个方向——借助电脑软件进行绘画创作，可以向着电脑美工设计的方向持续努力

借助上述方法进行持续练习，就可以通过提升深层内在来改善自己的状态。因为不满意的具体行动减少了，生活烦恼也能逐渐减少。

今日功课

请按照下面的指导开始练习。在回答以下问题的过程中，尽量运用直觉来操作。

第1步：回想一个最近让你感觉不满意的行动，这个行动是什么？你为什么对这个行动不满意？

第2步：这个行动背后的状态是什么？这个状态是过度的、不足的，还是冲突的？

第3步：你希望事情如何发生？关于你的期待，如何调整会更好？

第4步：在事情的发展中，你渴望实现/拥有什么感觉？关于你的渴望，如何调整会更好？

第二部分
让人生开始改变

第 5 步：通过你对自己期待和渴望的了解，你想要实现的是一个什么样的人生？关于你的自我，如何调整会更好？

第 6 步：通过这些调整，你感觉自己的状态有什么变化？

第 7 步：如果再一次面对同样的情况，带着这种新的状态，你会有什么样的行动？你觉得这个行动会带来什么不同？

本书的内容已经过半，本书的前半部分（第一、二部分）主要是关于人际沟通系统和内在心理系统的详细介绍，本书的后半部分（第三、四部分）主要是关于内在心理系统的调整和改善，将介绍两种手段——走出家庭的桎梏和自我的深层蜕变。

走出家庭的桎梏

第三部分

第 12 课

内在关系脚本的进化
从等级模式走向成长模式

知识讲解

婆媳关系可能是这个世界上最难处理的关系了,而且似乎从古至今都是如此,这是为什么呢?

俗话说"媳妇熬成婆",理解了这句话的内涵就理解了婆媳关系难处的内在原因。

这句话中的"熬成"一词是理解重点,"熬"代表着经历和忍受痛苦的过程,"成"代表着结果,指的是终于不用再经历煎熬了。

透过这句话,我们能够发现存在以下几种情况:

- 媳妇并不好做,需要承受许多;
- 婆婆比较好做,不需要承受那么多;
- 媳妇和婆婆之间存在着等级和权力的差异;
- 媳妇只有变成了婆婆,才能提升自己的等级;
- 媳妇成了婆婆,面对新的媳妇也会使用自己好不容易得来的权力。

尽管时过境迁,但在很多家庭里,婆媳关系仍然沿袭着这种模式,这就是内在关系脚本的强大力量。

内在关系脚本模型

内在关系脚本是人际关系的基本模式,萨提亚模式归纳出了两种最为基本的内在关系脚本模型——等级模式和成长模式。

等级模式

等级模式是一种不平等的关系模式,处于这种模式中的人存在着高等级和低等级的差别。高等级意味着拥有支配性的权力,而低等级的一方需要服从高等级的一方。

正如我们刚才聊过的婆媳关系一样,在这种具有等级模式的关系中,低等级的一方是最初的受压迫者,但是等到自己成了高等级的一方后,就自动地变成了压迫者。

在许多亲子关系里,"老子说了算"(即父母说了算)就是一种等级模式的体现,由于自己是高等级的父母,所以孩子就要服从父母的意志。认同了这种模式的孩子成为父母后,就会延续这种"老子说了算"的压迫状态。

不止这些,在亲子关系中还有很多隐性的等级关系情形,表面看起来父母在使用商量的方式,但是实际上还是在要求孩子服从自己的指令。

因此,判断自己的内在关系脚本是否为等级模式,并不是去衡量我们的方式是否温和,而是取决于以下几点:

- 我们的内心是否认为关系中存在着等级和权力;
- 我们是否认为高等级的人存在着支配性的权力;
- 在我们自认为处于高等级时,是否会通过使用权力(命令、指令、奖惩制度、教导、诱惑等)让对方服从等。

如果我们的心中存在着等级观和权力认同,就意味着我们的内在关系脚本就是等级模式。

那么,这又会导致什么问题呢?

"水能载舟,亦能覆舟"揭示了等级模式的本质。这句话的意思是,低等级的一方会服从，也会反抗。当低等级的一方开始反抗时，彼此持续的斗争就开始了。

更糟糕的情况是，假如处于关系中的两个人都觉得自己是高等级的一方，势态的后续发展就不仅仅是反抗而已了，而是"一山不容二虎"式的持续权力争夺战，这种情况在双方都秉持等级模式的夫妻关系中非常常见。

斗争是等级模式中不可忽视的核心问题，在这样的关系中不断上演着政治斗争、权力斗争等各种压迫与被压迫的斗争剧情，僵化地维持等级的重要性大过人与人之间的真实相处。

为什么秉持等级模式的关系会不断地引发斗争问题呢？因为等级模式中更被在乎的是行动指令，即自己关于行动的指令能够被有效地执行。然而，**能够形成良好关系的核心要素**却并非行动指令，而是**情感体验**，**即关系中彼此的感受状况**。

很多秉持等级模式的家庭在对孩子进行教育时，孩子的确可能会成为很有能力的人，但是他们与父母的关系往往比较疏远。虽说在这样的亲子关系中，行动指令能够被更快速地执行，但也正是由于家庭中缺少了建立良好情感体验的互动形态，导致关系本身最终走向了灾难。

建立良好的情感体验的关键步骤是共情，而等级模式的存在恰恰是让关系双方失去共情。因为在坚持等级模式的人看来，共情只是一种"妇人之仁"，应该被摒弃。确实，如果个体的目标只是让人服从，那么共情就是个体运用权力让对方服从的阻碍，当然会被剔除。

由于缺乏共情会导致关系中缺乏情感的互动，因此会在最终使彼此都更加漠视对方的情感，周围的人似乎都变成了只是被用来实现权力者意志的工具，而不是真实存在的人。

成长模式

成长模式是一种平等的关系模式，处于这种模式中的人没有等级的高低之分。双方关系是在彼此互相尊重的基础上建立的，关系中的双方会关注对方的感受，也会表达自己的感受，能够产生良好的情感交流互动。

在等级模式中，角色和地位是关系中最核心的主导因素；在成长模式中，角色和地位则只是关系中非常小的一部分，人本身才是最重要的。

这种关系脚本的出现与社会的进步存在着很大的关系。在人类社会的历史长河中，等级模式一直是主导的关系脚本，如"王权至上""男尊女卑""一家之长"等。直到各种形式的革命运动相继出现，推翻了长期处于主导地位的等级模式，才让现代生活的关系脚本中出现了成长模式。其中，最为出名的就是"人本主义运动"，即推广人际关系成长模式取向的运动。

人本主义的著名代表是美国心理学家卡尔·罗杰斯（Carl Rogers），他为了让人们能够实现良好的情感互动并建立良好的人际关系，提出了实现成功的心理咨询的三个必要条件（也被称为建立良好关系的必要条件），如下：

- 自我一致 / 诚实；
- 无条件积极关注 / 认可；
- 共感性的理解 / 共情。

这三个必要条件具有非常重要的意义，它们可以帮助我们了解关系脚本中的成长模式和等级模式的核心差别。

那么，良好的关系有什么价值呢？

在前面等级模式的探讨中，我们说斗争是等级模式中最核心的问题。那究竟是什么引起了斗争呢？答案是：被迫。

人们希望别人能够服从自己，这就创造了等级模式。接着，人们发现有等级模式的存在，就会有被迫的时刻存在。每个人都很讨厌被迫，但人们并没有因此去消除等级模式，反而是不断在由等级模式创造的金字塔中去努力攀登。然而，一旦成为某个领域的最高当权者，就会突然发现一个惊人的事实：**即使在最终攀登到了最高处，掌握了最高的权力，依然不能为所欲为，因为存在着"水能载舟，亦能覆舟"的客观法则。**

《论语》有云："己所不欲，勿施于人。"**既然每个人都不喜欢被迫，就不要去压迫、命令其他人。**我们可以换一种方式来思考这个问题。

假如你想让孩子努力学习，那么你可以采用以下两种方式：

- 每天都看着他，要求他努力学习；
- 和他形成良好的关系，想办法通过你对他的影响让他爱上学习。

试想一下，哪种方式会产生更好的效果呢？

这就是被迫的服从和自发的行动的区别，每个家长都更希望自己的孩子有自发的行动。事实上，**良好的关系是自发的行动的先决条件，有了它才有可能促使对方真心愿意做某件事**。

由此可见，关系脚本中成长模式的重要价值，就是让对方不再只是表面的暂时服从，而是能够实现内心的真正改变。

这也是萨提亚模式把这种关系脚本称为成长模式的原因——因为这种关系状态是启动个体成长并让人真正改变（即前面课程所讲的"转化"）的地基。

内在关系脚本模型在生活中产生作用的差异

我们在了解了等级模式和成长模式之后，再来聊聊它们在生活中的更加具体的操作差异——权力影响力和情感影响力。

权力影响力

权力影响力是等级模式的具体形式，处于等级模式中的人们会使用权力工具，以使对方按照自己想要的方向去行动。权力影响力的核心在于行动，具有以下特点：

- 核心关键点在于"必须在什么时间如何做"；
- 有明确的结果期待；
- 只允许唯一性的行动方式；
- 对方不听从时，自己会产生强烈的情绪；
- 不在意过程，忽略感受，只在意结果是否达成。

权力影响力所运用的核心手段是要求和推动。

要求，即明确行动内容的要求。要求既可以是一个具体的行动指令（如父母要求孩子早上五点开始学习），也可以是一套复杂的行动操作系统（如父母给孩子设

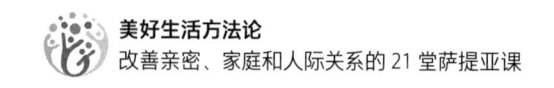

定的一整套行为规范）。

推动，即将各种权力工具作为推动手段，让对方按照自己的要求去做。推动手段有很多种，举例如下。

- **命令**：让对方必须按照要求行动的强力指令。
- **奖惩**：运用能够激发欲望和恐惧的结合形式，给对方强加必须行动的外部动力。
- **威胁**：用不行动的不利后果强迫对方按照自己的要求行动。
- **情绪控制**：利用对方对自己情绪的在乎，逼迫对方按照自己的要求行动。
- **人际控制**：利用对方的重要他人，逼迫对方按照自己的要求行动。
- **道德绑架**：运用内在的道德压力，逼迫对方按照自己的要求行动。
- **其他外部推动的方法**：任何能够产生外部推动力、让对方按照自己的要求行动的手段。

情感影响力

情感影响力是成长模式的具体形式，处于情感模式中的人们会使用情感互动来进行深刻的情感交流，以帮助对方从内部产生所需的情感变化。

情感影响力的核心在于态度，具有以下特点：

- 核心关键点在于，激发想要主动去做的态度；
- 没有明确的结果期待；
- 允许存在对于对方有帮助的所有可能的行动方式；
- 没有行动指令，因此没有强制性要求，也没有不听从时的情绪；
- 更在意过程，且关注彼此的感受，希望通过良好的过程促进更好的结果发生。

情感影响力运用的核心方式是愿景和价值。

愿景，即一种美好的愿望性状态。愿景既可以是一个近期可实现的愿望（如拥有自己的房子），也可以是一个需要终生奋斗的方向（如提升全人类的心理健康程度）。

价值，即让对方感受到愿景对自己的价值，自发地产生想要实现愿景的动力。

促使个体认识到价值的途径有很多，主要表现如下。

- **意义**：发现此愿景对自己的生命、人生或者生活具有的意义，因而产生了内部动力。
- **效用**：发现了此愿景对自己的生活存在帮助，因而产生了内部动力。
- **美好向往**：发现此愿景实现后会让生活变成某种美好向往的样子，因而产生了内部动力。
- **社会影响**：发现此愿景的发生能够对社会有所帮助，因而产生了内部动力。
- **创造**：发现此愿景的实现可以创造新的有益事物，因而产生了内部动力。
- **其他创造内部动力的方法**：任何能够促使个体产生内部动力、从而推动个体行动的方法。

内核差异

通过对权力影响力和情感影响力的梳理，我们应该能够更好地理解这两种关系脚本在日常生活中产生作用的方式的差异了，接下来，我们将探索它们的内核差异——干预力和自然力。

控制与非控制

等级模式的背后假设是，只有施加控制，事物才会被推着向好的方向发展；成长模式的背后假设是，不需要施加控制，事物就会自发自主地向好的方向发展。

通过一个简单的例子，我们可以体会到这两种假设的不同之处：一头被驯化的狮子和一头野生狮子，谁会更加强大、更有适应力？

显而易见，驯化（控制）让个体逐渐丧失了自然生命力，而非控制则让个体充满自然生命力，更强大，也更有适应力。

控制并不能使个体强大，反而会不断削弱其活力。这并不是什么新鲜的发现，"揠苗助长"的故事说的就是这个道理。因此，控制更像是裹脚布，让裹出来的事物更符合某些人的需要，而不是更适应所处的自然环境或变得更好。

生活中也存在这样的例子：

- 一直被家长看着学习的"好学生",进入社会后因为讨厌学习而不再读书,完全放弃自我成长;
- 被父母逼着结婚的夫妻,婚后不愿接近对方,长期处于冷战状态;
- 公司用高提成留下的员工,只在乎短期的成交数额和提成,根本不在乎客户关系的维护;
- 班主任用惩罚制度管理的班级,只要班主任不在,学生们就会肆无忌惮地打闹。

自然生命力与滋养

你可能很想知道,如果控制无法使个体变得更好,那么如何才能使个体真正变好呢?仅仅是放下控制就会变好吗?还是说,还需要采取其他的措施?

达尔文进化论揭示了自然法则"物竞天择"的力量,这种力量促使个体必须向着更强大的方向去发展,否则就会被自然淘汰。这种天然向着更好的方向发展的力量就是自然生命力。人本主义的另一位代表人物——美国著名社会心理学家亚伯拉罕·H.马斯洛（Abraham H. Maslow）,把人身上的这种内在力量称为"自我实现"。

就像养花一样,揠苗助长会导致鲜花衰败,但给予适当、充分的滋养则可以让它健康生长并绽放美丽的花朵。

因此,**要想促进自然生命力发展,就要采取滋养而非控制的方式**。换句话说,如果我们希望一个人变好,就要为其浇灌成长所需的心理营养,而不是持续地控制其行为。

生活中也存在着这样的例子:

- 一个非常叛逆的孩子,遇到了一位非常关心自己的老师,在老师持续的关怀和教育中彻底地改变了自己,开始努力学习并遵守纪律;
- 一名没有太大进取心的员工,在一家公司持续感受到被重视和培养后,希望通过自己的努力回报公司,因而努力工作;
- 一个在学习中受挫败的孩子,在一本书中看到了某些学习方法,尝试之后发现很有效果并获得了成就感,并因此开始热爱学习;
- 一个对感情彻底失望的人,在遇到了一个特别理解自己的人之后,慢慢恢复了对生活和感情的信心，并和这个人建立了感情，最终走入婚姻殿堂。

我们从上面这些例子中可以看到滋养对个体的意义。如果你真的在乎某个人，就要对他多一些滋养，少一些控制。

操作方法

你已深刻地理解了等级模式和成长模式的差异，那么，如何让内在关系脚本从等级模式进化到成长模式呢？步骤如下。

第1步：掌握建立良好的人际关系的三个要素

还记得卡尔·罗杰斯提出的实现成功的心理咨询的三个必要条件吗？其实，它们也是建立良好的人际关系的三个要素。具体操作的要点如下。

自我一致/诚实

在相处中保持一致性沟通的沟通姿态，用真实的状态去相处。摘下各种社会面具，用真实的自己和情感去互动和沟通。自己感受的范围和自己表达的范围是一致的，没有口是心非。

无条件积极关注/认可

通过无条件积极关注，让对方感受到被接纳，虽然未必赞同对方的每一个行为，但是对于对方行为背后的良好意图是接纳的、认可的。

共感性的理解/共情

体会对方的情感，试着感同身受。去感受和理解对方所处的情感状态，从对方情感状态中获取对方需要的关怀。关注对方的情感体验和内心动态，而不是把注意力完全放在事物和结果上。积极地关注相处的每个时刻的动态过程，不去用分析和理智思考破坏注意力对当下相处过程的关注。

这三个要素有助于让人际关系获得质的提升，为让人拥有建立真正的关系的能力提供了成长的基础。

第 2 步：学着建立情感影响力

有了良好的关系，就可以学着建立情感影响力，情感影响力在本质上是一种非权力的影响方式。操作重点如下。

愿景

愿景必须是个体自己希望实现的理想状态，是关于个体所处生活状态或世界的更好的样子。在实现了更好的样子后，个体能够感觉到吸引力，并因此拥有了某些积极情绪，这就是一个有益的愿景。

价值

个体知道这些理想状态的实现对自己产生的意义，正是这些意义帮助个体产生了强烈的自驱力。这些价值不是凭空出现的，而是从愿景中找到的，吸引个体的愿景中一定有个体为之心动的原因——价值，找到并突出这些价值能增强愿景本身的推动力，从而提供了成长的动力。

第 3 步：尝试给予所需的滋养

持续不断地提供个体所需要的滋养，能为个体提供成长的养分。

提供滋养的关键在于，要根据对方的实际需要提供滋养，而不是给予对方你自认为的养分。

如何知道你提供的滋养是不是对方需要的呢？

这就需要你去觉察现实，那些能让个体变得更有生命力、更能自发地成长的事物或行为就是滋养。你在一点一点试错和总结的过程中，会发现越来越多的对方所需的滋养，从而让你能更有效地帮助对方成长。

运用以上方法持续练习，就能让自己的内在关系脚本从等级模式进化成为成长模式，从而走出原生家庭所遗留的关系脚本的桎梏。

今日功课

请按照下面的指导开始练习。在回答以下问题的过程中,尽量运用直觉来操作。

第1步:回想一个你向对方提供建议之后,对方的表达让你很有情绪的经历。当时发生了什么?你产生了什么样的情绪?

第2步:在这段沟通经历中,你秉持的关系脚本是等级模式还是成长模式?为什么?

第3步:在这次沟通中,你是否运用了权力影响力的方式?运用了哪些方式?

第4步:对于沟通状态来说,良好沟通的三个要素(自我一致/诚实、无条件积极关注/认可、共感性的理解/共情),你最缺乏哪种(或哪几种)?你准备如何改善?

第5步:对于刚才那次沟通经历,如果放下权力影响工具,那么如何运用情感影响力去互动?

第6步:你可以给对方提供什么样的滋养,从而帮助对方更有生命力、变得更好?

第7步:从等级模式进化到成长模式,你认为自己与他人的相处模式和关系状态会有什么不同?这会让你的生活有什么变化?

经过以上练习,你应该能够更好地走出原生家庭的桎梏。在第13课,我们将会探索如何优化内心自动化模式。

第13课

优化内心自动化模式
发现家规并将其转化为指南

知识讲解

曾有一个人看见一头大象被一根绳子拴着,这根绳子的另一头被绑在了一根插在地上的细杆上。然而,尽管大象能轻松地拔掉那根细杆,却只在这根绳子限定的范围内走动。

于是,这个人就去问大象的主人,这是为什么。主人说,在这头象很小的时候,他就开始用这根细杆牵着它,尽管它现在已经长大了,却从未试图挣脱这根细杆,因此它一直走不出绳子限定的范围。

如果你感觉自己的某些行为一直以来都难以逾越一个有限的圈子,那么你的身上也会存在这种现象。因为你内心的这头大象一直被一根细杆牵着,那根细杆就是家规。以下是一些例子。

- A一直对丈夫毕恭毕敬,无法用比较自然随意的方式与丈夫相处。因为在A的原生家庭里,她的母亲对父亲就是这样一种毕恭毕敬的相处方式,母亲也告诉过A,必须要做到这一点才算得上是一个好女人。
- B总是难以表达自己的感受,这让B和爱人都很烦恼。因为在B的原生家庭中,父母都不允许他表达自己的感受,全家人都认同"坚强的人要克服自己感受"的行为规则。
- C特别在乎别人是否守时,如果别人迟到他就会很生气。因为在C的原生家庭中,守时是一个非常重要的规则。小时候，只要 C 不守时，就会受到惩罚。

理解家规

家规是家庭内部的行为规则，但其实，**每个家庭系统都存在两套同时运行的家规——显性家规和隐性家规**，二者的区别见表 13-1。

表 13-1　　　　　　　　　　显性家规和隐性家规的区别

	显性家规	隐性家规
概念	家庭成员之间明确约定的行为规则，这些规则都是被清楚地表达出来的规则。显性规则往往是家庭中主要照顾者的明文规定，也常常被嘱咐给家庭成员，需要大家共同遵守	家庭成员之间从未明确表达的行为规则，这些规则没有被清楚地表达出来，但同样会制约着家庭成员的行为
举例	不可以浪费食物	某位家庭成员去世了，虽然大家从来没有讨论过要如何对待这件事，但是"不要再提起这件事以免大家想起伤心往事"渐渐成了约定俗成的行为规则

无论是显性家规还是隐性家规，家规在家庭关系中的作用都是十分重要的，它是家人之间能够良好相处的重要基础，也是家庭维持秩序的准绳。与显性家规相比，隐性家规对人们的影响更大，因为它们从未被明确和被看到，却一直影响着家人的相处方式和行为。

如果个体缺乏确定的相处规则，个体就会在关系中失去安全感，并感到强烈的焦虑。因为没有规则，会使彼此的行为缺乏可预测性，这就意味着其他人随时都有可能做出令自己不舒适的行为。对于任何一个个体来说，这都将是一场灾难。

现代文明之所以能给人更强烈的安全感，原因之一就在于，它形成了更为完善的社会规则体系。在这个体系中，每个人的行为都有一定的遵循范围和可预测性，偏离这个范围的行为出现的可能性很小，这样就使得人们能够感觉到相对的安全和放松。缺乏这些社会规则将会导致社会的混乱，不利于人们的生活。

家庭失去了家规就像现代社会没有了法律一样，会让行为缺乏必要的边界。对关系来说，规则是至关重要的，良好的规则可以使关系良性、持续地发展。

当然，除了对家庭成员有所帮助以外，规则还会经常带来许多限制。我们所说的"陋习"指的就是那些不够好的但又已经广泛存在的规则。

以下都是一些关于陋习的例子，也是当时的人们需要遵守的行为规则。

- **裹脚**：中国古代的一种陋习，女性从幼年起就把脚用布包裹，长成"三寸金莲"大小的脚，以满足当时人们对女性的一般审美观。由于这种规则的存在，许多女性在出生时就不得不遵守这个行为规则，最终导致大量的女性生理畸形。
- **活人献祭**：古人在进行某些祭祀活动的时候，会用活人（往往是青少年）当作献祭物，以表示自己对上天或神灵的敬重，并认为自己杀死祭祀物是在献给上天或神灵。很多年轻人就是因为这条规则而失去了自己宝贵的生命。
- **殉葬**：一些重要人士去世时，他身边的其他人需要陪着被处死或者进行自裁，这也导致许多无辜的人失去了他们宝贵的生命。
- **处死魔鬼附身的人**：古代西方一些有精神问题的人被视为被魔鬼附身，这样的人是需要被处死的。因此，许多患了精神疾病的人不仅没有得到治疗，还会被处以死刑。

经过以上的探讨，你可能已经发现了规则的两个不同的面向。

- **存在益处的面向**：这是规则稳定性的一面，它的稳定性常常被人们依靠。规则的稳定性提升了关系的可预测性，从而提高了人们相处时的安全感。
- **存在弊端的面向**：这是规则刻板性的一面，它的刻板性常常给人们限制。不合适的规则往往会限制人们的成长，使不良的行为持续被维持，很难转变为更具适应力的行为。

家规同样存在着两个面向，表 13-2 更为直观地介绍了助益性家规和损害性家规的区别。

第三部分 走出家庭的桎梏

表 13-2　助益性家规和损害性家规的区别

	助益性家规	损害性家规
概念	对关系相处有帮助的家庭规则	对关系相处有损害的家庭规则
举例	家长教育孩子，无论发生了什么事都需要多沟通，让彼此更了解对方的想法。这个规则使家长和孩子能够更深入地了解对方，提升了彼此理解的能力，让关系变得越来越好	家长教育孩子，坚强的人是不会轻易吐露心扉的，有什么想法都得憋在心里，不能向任何人表达。这个规则导致家长和孩子之间越来越疏远，彼此的想法渐行渐远，关系越来越糟糕

从时间维度来看，适当的家规和限制的家规会随着时间和空间而有所转变，这取决于个体日常生活中所面临情境的变化。比如，有的家规在原生家庭属于助益性的，但是到了工作之后继续秉持就可能不再合适了。也可能在旧的关系生态中不合适的家规，到了新的关系生态中又变得合适了。

因此，评价家规是否合适，是有助益性的还是损害性的，都要立足于生活情境。

此外，还常常会出现这样的情况：同一个家规，在不同的情境中会出现转变，即在一些情境中是助益性家规，在另一些情境中却是损害性家规。表 13-3 以"有话直说"为例，解释了同一个家规在不同情境下的转变。

表 13-3　同一个家规，在不同情境下的转变

	助益性情境	损害性情境
概念	此家庭规则具有适应力的情境	此家庭规则不具有适应力的情境
举例	在一些需要坦诚的情境中，这个规则是有助益性的。在这些情境下，有话不直说会让人感觉到不真诚，不想更加深入地与之交往和相处	在一些需要措辞或策略的情境中，这个规则是有损害性的。在这些情境下，有话直说会产生破坏作用，会让对方产生糟糕的感受，从而破坏了关系

升级家规

由于原生家庭的家规会在很大程度上影响个体的内心规则，从而影响了个体建

立在这些规则上的自动化处理机制，因此升级家规能对改善个体的众多自动化模式起到非常重要的作用。

之前我们提到了让家规具有损害的原因主要是由于其刻板性，即处于僵硬状态的家规总是无法完全贴合复杂多变的现实情况，在那些无法贴合的情境中就会导致损害的发生。要想避免家规的限制，让其更多地起到助益的作用，最核心的方向在于去除或者降低其刻板性。

经过长期的探索，萨提亚模式找到了既去除了刻板性又保留了规则有益部分的家规形态——指南。指南和规则的区别见表13-4。

表13-4　　　　　　　　　　规则和指南的区别

	规则	指南
概念	规则是一种需要强制遵守的行为规范，被认为是唯一正确的行为方式，如果不遵守就要受到某种形式的惩罚，具有较强的强制性	指南是一种指引更合适行为的参考工具，是对过去情境中应对经验的总结。它只是一种帮助性的参考，不具有强制性
形成方式	在生活中遇到问题后，找到了某种解决问题的方式，并认为这种方式就是解决这类问题的唯一正确方法，那么这个方式就成了规则	在生活中遇到问题后，虽然找到了某个解决问题的方式，但是并没有坚信这个方式一定是唯一正确的，知道还可能存在许多没有探索过的情况，明白不同的情况可能会有不同的应对方式，每种方式都只是一种经验性的总结，那么这种方式就成了指南
关键差异	规则是对全部情境通用的强制性行为标准，缺乏对细分情境的考虑，也缺失了对不同情况的弹性，因而导致了刻板性的问题	指南是对个别情境的经验性总结，针对不同的情境有不同的更适合的行为。指南还考虑到了经验样本的有限性，保留了适当的弹性，因而避免了刻板性的问题

思想可以借由语言表达，我们也可以运用语言调整我们的思想。通过表13-5的内容，我们能更具体地看到规则和指南的语言构造差异。

表 13-5　规则和指南的语言构造差异

	规则	指南
弹性	对于缺乏弹性的规则的表达形式来说,最常见的词汇是"应该"类的应然性词汇,如"一定""必须""就得""不得"等。这些词汇表达的含义是,就得按照这样的方式去做,其他的方式都不可能是正确的,只有唯一正确的方式,从而创造出了刻板性	对于具备弹性的指南的表达形式来说,最常见的词汇是"可以"类的容许性词汇,如"能够""允许""或许"等。这些词汇表达的含义是,可以按照这样的方式来做,其他的方式也可能是有用的,存在着多种可行的方式,明白这只是其中的一种,从而创造出了弹性
情境	对于缺乏情境化的规则的表达形式来说,最常见的是"全都"类的全包性词汇,如"都只能""只要……就得……""没有例外"等。这些词汇表达的含义是所有的情况都需要运用这种方式,不需要区分情境	对于具备情境化的指南的表达形式来说,最常见的是"情况"类的情境性词汇,如"状况""情形"等。这些词汇表达的含义是在某些情况下可以运用这种方式,在不同的情境下有不同的多种方式可以选择
总结	规则的语言表达形态:全都……应该……	指南的语言表达形态:在……的情况下,可以……
举例	所有人都应该直接表达,任何时候都不应该绕弯子	在对方可以接受的情况下,可以直接表达;在对方难以接受的情况下,可以使用一些表达的策略,让对方更容易接受;还有一些不同的情况,需要视情况而定

操作方法

将家规转化为指南的具体操作方法如下。注意,在进行每一步的同时都要觉察身体感觉。

第1步:表达家规

表达家规有两种形式:一种是肯定式的,"A应该总是B";一种是否定式的,"A

应该不能总是 B"。

第 2 步：增加弹性

增加弹性是第一次转化，需要将"A 应该总是 B"与"A 应该不能总是 B"中的"应该"转化为"可以"，用这样的方式为其增加弹性。

第 3 步：增加模糊情境

这是第二次转化，需要将"A 可以总是 B"中加入"有时"变为"A 有时可以是 B"，这样增加了模糊情境，为增加具体情境打下了基础。

第 4 步：增加具体情境

这是第三次转化，需要将"A 有时可以是 B"中的"有时"变成三种具体情境，具体表达为"A 可以是 B，在情境 1、情境 2、情境 3 时"，这样就将一条家规转化成了生活指南。

表 13-6 呈现了将家规（分别是肯定式家规和否定式家规）转化为指南的技巧的举例。

表 13-6　　　　　　　　将家规转化为指南举例

步骤	肯定式家规	否定式家规
第 1 步：表达家规	我应该总是快乐	我应该永远不问问题
第 2 步：增加弹性	我可以总是快乐	我可以永远不问问题
第 3 步：增加模糊情境	我可以有时快乐	我可以有时问问题
第 4 步：增加具体情境	我可以快乐，当（三个选择）： 1. 我心情好时 2. 我有好事时 3. 我的朋友有好事时	我可以问问题，当（三个选择）： 1. 我不了解时 2. 我想要探索事情时 3. 我处于学习情境中时

案例实录

背景信息

"一定要孝顺父母"的家规一直在束缚着小伟。因此,父亲去世后,小伟常常觉得自己对母亲做得不够,虽然他已经很尽力了,但还是会有愧疚感。这种感觉已经影响到了他自己的小家,使他陪伴小家的时间越来越少,这样又使他对小家产生了新的愧疚感。

操作步骤

第1步:表达家规

小伟:"一定要孝顺父母"这条家规让我感到受束缚。

丽娃:你想要转化的家规是"我一定要孝顺父母"。使用"我应该总是孝顺父母"这样的肯定句的陈述,可以吗?

小伟:可以。

丽娃:现在,我想邀请你来做一个深呼吸。

小伟深呼吸。

丽娃:慢慢地说这句话——我应该总是孝顺父母。说三遍。

小伟:我应该总是孝顺父母。我应该总是孝顺父母。我应该总是孝顺父母。

丽娃:觉察你身体的感受,从头到脚。

小伟:我双手冒汗了,脸胀胀的。

第2步:增加弹性

丽娃:哦,双手冒汗、脸胀胀的。现在,我想邀请你再做一个深呼吸。

小伟深呼吸。

丽娃:将你刚刚说的话转换成这句话——我可以总是孝顺父母。说三遍。

小伟:我可以总是孝顺父母。我可以总是孝顺父母。我可以总是孝顺父母。

丽娃:觉察你身体的感受,从头到脚,尤其是你的双手和脸颊。

小伟：手感觉好多了，但是在说的时候就想深呼吸、就想喘气。我感到很憋闷。

丽娃：手好多了，想要大口喘气，感到很憋闷。现在，我想邀请你再做一个深呼吸。

小伟深呼吸。

丽娃：现在，请你说这句话——我可以有时孝顺父母。

小伟：我，我说不出口。

丽娃：我看到你的眼眶红了，你接触到了什么而让你说不出口？

小伟哭了。

丽娃：刚刚你说了"我可以孝顺父母"，双手冒汗的现象好多了，但是想大口喘气，感到憋闷。我判断转化对你来说确实有点难。请你允许自己有多一点的准备，然后多做几个深呼吸，跟你的内在多沟通，告诉你的内在，"你知道关于孝顺父母这件事情，你长期以来一直都是这样做的，现在要松动一点点，这样的松动不代表你不孝顺父母了，而是让自己更有弹性、让自己更有选择。你还是会孝顺父母的"。

小伟：我来试试跟内在沟通。

第3步：模糊情境

丽娃：你再来试试。先谢谢你的内在，谢谢你的潜意识，有这样的一个愿意，愿意试试看。试着说这句话——我可以有时孝顺父母。说三遍。

小伟：我可以有时孝顺父母。我可以有时孝顺父母。我可以有时孝顺父母。

丽娃：闭上眼睛，觉察你身体的反应，从头到脚。刚刚是想要大口喘气，现在呢？

小伟：现在小腿肚有点紧，还是有一口气憋着喘不上来。

丽娃：小腿肚有点紧，还是有一口气憋着喘不上来，是这样吗？请你闭上眼睛，把手放在气憋着的地方，问问这里想要跟你说什么？问完以后，请你留意出现的声音、感觉、影像，或者其他的，留意出现的信息，留意任何出现的小小的反应，出现了什么呢？

小伟：出现了亮白色的光。

丽娃：亮白色的光，传递的是一个什么信息呢？

小伟：好像是在我十几岁的时候出现的一个什么事情。

丽娃：十几岁的时候出现的信息，但是还不是很清晰。

小伟：不是很清晰，好像有一个轮廓。好像是在我十二三岁的时候，好像是我父亲被抓的时候，很多人——大概有一卡车的人——来到我家门口，把我家围起来，把我父亲带走了，就是那时候的感觉。

丽娃：在这样的情境下，是不是觉得自己无能为力？

小伟：是的，特别害怕。

丽娃：害怕，现在请你看一看，那时候害怕、孤立无援、没有资源、没有支持。同时，你的心境又与孝顺有关，或许还有个内在的声音说，我没有为父亲做些什么。

小伟：我和您说完这件事的时候，那口气好像好一点了。当时那些人抓走父亲的时候，我感觉特别害怕，特别想要抓住父亲，不想让他走。

丽娃：再把手放在你的胸口，谢谢这个部分，谢谢它让你知道，并告诉它，现在的小伟已经长大了，有能力照顾很多人。同时，在适当的时候、适当的时间点，你也会照顾十二三岁的自己。当你觉得可以了，你就睁开眼睛。现在环顾一下，看一看一起学习的同学，从这边看过来，看到那边，看到我，同样是很多人，我不知道有没有一卡车那么多。不过，现场的这些人都可以成为你的资源，可以跟你一起学习。当你在小组练习时或是在课程中遇到困难时，大家都很愿意帮助你。再来试试看。深呼吸，接触内在，请说三遍"我可以有时孝顺父母"。

小伟：我可以有时孝顺父母。我可以有时孝顺父母。我可以有时孝顺父母。

丽娃：觉察你身体的反应，尤其是你的胸口、小腿肚。

小伟：现在特别舒服。胸口热热的，小腿肚好一些了，现在感觉自己能站稳了，刚才是飘着的。

第4步：增加具体情境

丽娃：舒服了、站稳了。刚才讲到你可以有时孝顺父母，接下来请选择三个适合的情况，当你处于什么情况下时，你可以孝顺父母？

小伟：我可以孝顺父母，当母亲需要我的时候，我可以立即冲到她的身边。

丽娃：嗯，这是一种情况。请说三遍"我可以孝顺父母，当母亲需要我的时候，我可以立即冲到她的身边"。

小伟：我可以孝顺父母，当母亲需要我的时候，我可以立即冲到她的身边。我可以孝顺父母，当母亲需要我的时候，我可以立即冲到她的身边。我可以孝顺父母，当母亲需要我的时候，我可以立即冲到她的身边。

丽娃：好，请觉察你的身体，尤其是你的胸口，有什么感觉？

小伟：话讲出来后，胸口很舒服了。

丽娃：你感到了舒服。刚刚你已说到了一种情况——当母亲需要你的时候，接下来，我有一个小小的提示，请把注意力转向你自己，也就是说，当你如何的时候。试着说"我可以孝顺父母，当……"，同样是说三遍。

小伟：我可以孝顺父母，当我想母亲的时候，我可以立即来到她的身边。我可以孝顺父母，当我想母亲的时候，我可以立即来到她的身边（哽咽）。我可以孝顺父母，当我想母亲的时候，我可以立即来到她的身边。

丽娃：我注意到当你讲到第二遍的时候，声音有些哽咽，这是一种什么样的情感呢？是想母亲吗？

小伟：是的。

丽娃：哦，好的。请觉察你身体的反应，从头到脚。

小伟：小腿有点抖。

丽娃：小腿有点抖，现在的抖和之前的小腿肚紧是一样的感觉吗？

小伟：不一样（慢慢地把手握在了一起）。

丽娃：这种抖会让你不舒服吗？

小伟：好像是力量不足。

丽娃：力量不足。我突然想到，你说"我想母亲的时候，我可以立即来到她的身边"，可能有时会有一些限制。

小伟：是，有限制。

丽娃：我想这个指标可能不太适用。你的小腿抖、力量不足，所以这样的表述不能用。没关系，我们再来想。我可以孝顺父母，当我……

小伟：我可以孝顺父母，母亲就在我心里，我想她的时候，我可以在心里和她说话。我可以孝顺父母，母亲就在我心里，我想她的时候，我可以在心里和她说

话。我可以孝顺父母，母亲就在我心里，我想她的时候，我可以在心里和她说话（哽咽）。

丽娃：请觉察一下你身体的感觉。

小伟：小腿肚也没事了，不抖了。

丽娃：好，请再做一个深呼吸，然后思考最后一种情况。

小伟：我可以孝顺父母，当我在他们身边的时候。我可以孝顺父母，当我在他们身边的时候。我可以孝顺父母，当我在他们身边的时候。

丽娃：觉察你身体的感受，从头到脚。

小伟：就好像有一种力量，让我鼓足了勇气说出这句话。

丽娃：我也有这样的感受。你现在的感觉怎么样？

小伟：有一股力量，能让我很顺畅地把这句话讲出来。可是，当刚才说"我想母亲的时候，我可以立即来到她的身边"时，因为我从小在奶奶家长大，离父母很远，所以要想见到他们很受限，不能随时看到他们。

丽娃：现在你已经长大了，已经不是小时候的状态，也无须再被送到奶奶家。你现在也在学习，在做助人工作者，你现在即使不能马上奔到母亲的身边，也可以在心里和她讲话。

小伟：这口气终于喘过来了。已经很多年了，好像就是从十二三岁起，只要有事，就感觉又一口气憋在胸口，怎么也喘不过来。现在，我觉得呼吸特别顺畅。

持续运用上述方法，就能将越来越多的家规转化为指南，从而走出原生家庭所遗留的家规的桎梏。

今日功课

请按照下面的指导开始练习。在回答以下问题的过程中，尽量运用直觉来操作。

第1步：回想一个由于你必须遵循某种行为方式而引发的长期困扰，这个困扰是什么？

第 2 步：在这个困扰中，持续影响你的家规是什么？秉持这个想法，你有什么样的身体感受？

第 3 步：为这个家规增加一些弹性，将其中的"应该"转化为"可以"，它变成了什么样？秉持这个想法，你有什么样的身体感受？

第 4 步：在上一步的基础上，再增加一些模糊的情境，在可以后面加上"有时"，它变成了什么样？秉持这个想法，你有什么样的身体感受？

第 5 步：在上一步的基础上，将模糊的情境具体化，列出三种具体的情境，它变成了什么样？秉持这个想法，你有什么样的身体感受？

第 6 步：你还可以将哪些家规可以转化为指南？这样做给了你什么成长和启发？

经过以上练习，你应该能够更好地走出家庭遗留给你的第二个桎梏。在第 14 课，我们将去探索家庭模式的内在动力系统是如何运作的。

第 **14** 课

了解家庭动力系统的地基
家庭历史考古的诸多工具

知识讲解

第 14、15、16 课的内容，分别是**萨提亚模式中家庭重塑技术的三个阶段——预备阶段、雕塑阶段和重塑阶段**。家庭重塑是萨提亚模式的三大核心技术之一。大多数心理学爱好者对于萨提亚的认识主要来自家庭重塑技术，因为这个技术在演示时会呈现出像舞台剧一样的戏剧化过程。

本课介绍了家庭重塑技术的预备阶段，此阶段的核心任务是让家庭动力系统的地基逐渐呈现出来。也就是说，通过这些脉络性的梳理工作，我们能够更加深入地了解家庭系统的动力机制。

如何让家庭动力系统的地基逐渐呈现出来呢？

萨提亚模式提供了三种有效的工具：家谱图（也被称为"家庭图"）、家庭生活编年史（也被称为"年代表"）、影响力车轮（也被称为"影响轮"）。

这三种工具就像考古学家们在进行挖掘古物时的基本工具。读到这里，你是否有这样的疑问：为什么要考古呢？研究历史是否有必要？了解过去的事情对于现在还有意义吗？

接下来，我们先来深入探讨一下上述疑问。

现在的历史维度

每个人都想更好地把握现在,可实际上,越是有能力把握现在的人,越能摸清历史。

关于这一点,可以从以下这些名人名言中得以体现。

读史使人明智,读诗使人灵秀,数学使人周密,科学使人深刻,伦理学使人庄重,逻辑修辞之学使人善辩。

弗朗西斯·培根(Francis Bacon)
英国散文家、哲学家、实验科学的创始人

以铜为镜,可以正衣冠;以史为镜,可以知兴替;以人为镜,可以明得失。

唐太宗
创造中国唐朝鼎盛繁荣的一代君王

许多著名人物都非常重视历史,因为了解历史有助于更好地把握现在。其根本原因在于,"现在"并不是一个独立存在的事物,"过去–现在–未来"是一个不能被分割的整体。虽然过去并不决定未来,但由于过去塑造了现在,因此也影响着未来。

这样说也许你会觉得有点抽象,那么不妨换一种更加形象的方式。想象你坐在一艘船上,正在从此岸向对岸驶去。船所处的位置就是现在,已经走完的部分就是历史,尚待完成的旅程就是未来。

我们来做个有趣的假设:假如你踏上了一艘木筏,闭上眼开始睡觉,任由木筏在水上漂流。一觉醒来,你是不是无法得知木筏驶向哪里?如果你想做一些调整,以便让木筏驶向某个目的地,那你很可能并不知道该做些什么,甚至连方向对不对都无从得知。

历史的重要性就在这里,其中蕴含了许多极为重要的信息,这些重要信息对于"现在"有着无比重要的、不可替代的价值。这些信息中最核心的部分就是事物发展的动力因素,如"趋势"(航行方向)、"经验"(从过去中值得吸取的重要信息)、"局限"(基于过去形成的不易改变的情况)、"机会"(基于过去形成的能够改变的着力点)等。

当然，萨提亚模式对于历史的看法并非"决定论"的，历史无法彻底决定未来如何发展。正如上述例子中说的那艘船一样，在没有任何干预的情况下，那艘船将会沿着原来的方向一直前进。对于这艘船来说，萨提亚模式为其提供了一系列"转向的工具"（促进转化的技术），通过这些工具就可以使船的方向发生改变，未来才能够去到"想要去的地方"，而不是"历史指向的地方"。

家庭重塑技术的预备阶段就是帮助个体了解家庭历史（"家庭"这艘船在你睡着的那段时间里，承载着你的那段旅程中的关键信息）的过程，并通过了解这些，为"转向"做好准备。

家谱图

家谱图是探索家庭成员构成的图谱，其绘制方法和中国的家谱非常相似，需要把所有的家庭成员按照其层级关系绘制成图。

在萨提亚模式中，"家庭"指的是三代的家庭成员——自己、父母、祖父母和外祖父母，需要将这些成员绘制成家谱样的图示。

作为探索心理的工具，绘制家谱图还需要进行一些额外的工作，你还需要了解更多信息——关于这些家庭成员的心理的信息。通过这些信息，你就可以更加直观地看到家庭的广阔图景。

这像极了从拼图碎块最终拼成一幅完整的拼图的过程，从而能够直观地了解家庭的整体样貌，为真正看懂这幅家庭心理图景打好基础。

家庭生活编年史

如果说家谱图是一个家庭的构成图谱，那么家庭生活编年史就是这个家庭的大事记。

所谓"家庭生活编年史"，就是像记录历史事件一样，逐个梳理对所有家庭成员产生心理意义的重要事件。每一个这样的事件都像一颗丢进家庭池塘的石子，对家庭成员们的心理产生涟漪式的影响。尽管这些影响过程往往是在无意识中发生的，但通过回顾这些事件，能够提升家庭成员从整体上感知和把握它们深远影响的能力水平。

影响力车轮

上述两个工具特别像家庭心理图景的两个坐标轴（X—成员；Y—事件）。不过，梳理家庭心理图景的根本意义在于，要梳理那些对于自己的心理成长像土壤一样的部分。

家谱图和家庭生活编年史是深层土壤，而影响力车轮则是你生根的表层土壤，这些土壤中的心理营养和心理局限都会强烈地影响你的内心机制。

所谓"影响力车轮"，就是一个像轮子一样的图示，你处于轮子中间的位置，你在乎的人、对你有影响的人和他们对你的影响则是一些不同的辐条，这些组合在一起就像一个轮子一样。

操作方法

第1步：绘制家谱图

家谱图的符号

家族图的符号见图 14-1。

绘制家谱图的步骤

第一，分别写出父亲、母亲的名字、出生时间、现在年龄（如已过世，需要写出过世的年龄，并在圆圈中打 ×）、职业、嗜好或兴趣、信仰、户籍或出生地、教育程度等信息（即事实上的现在）。

第二，写上父母的结婚日期，如已分居/离婚，那么需要加上分居/离婚的日期（即事实上的现在）。

第三，依排行序，写你的兄弟姊妹及自己的各项信息。如有夭折、流产或堕胎，也需依序排入。写出你所知道的有关他们的任何信息，如日期、名字、性别等（即事实上的现在）。

第三部分
走出家庭的桎梏

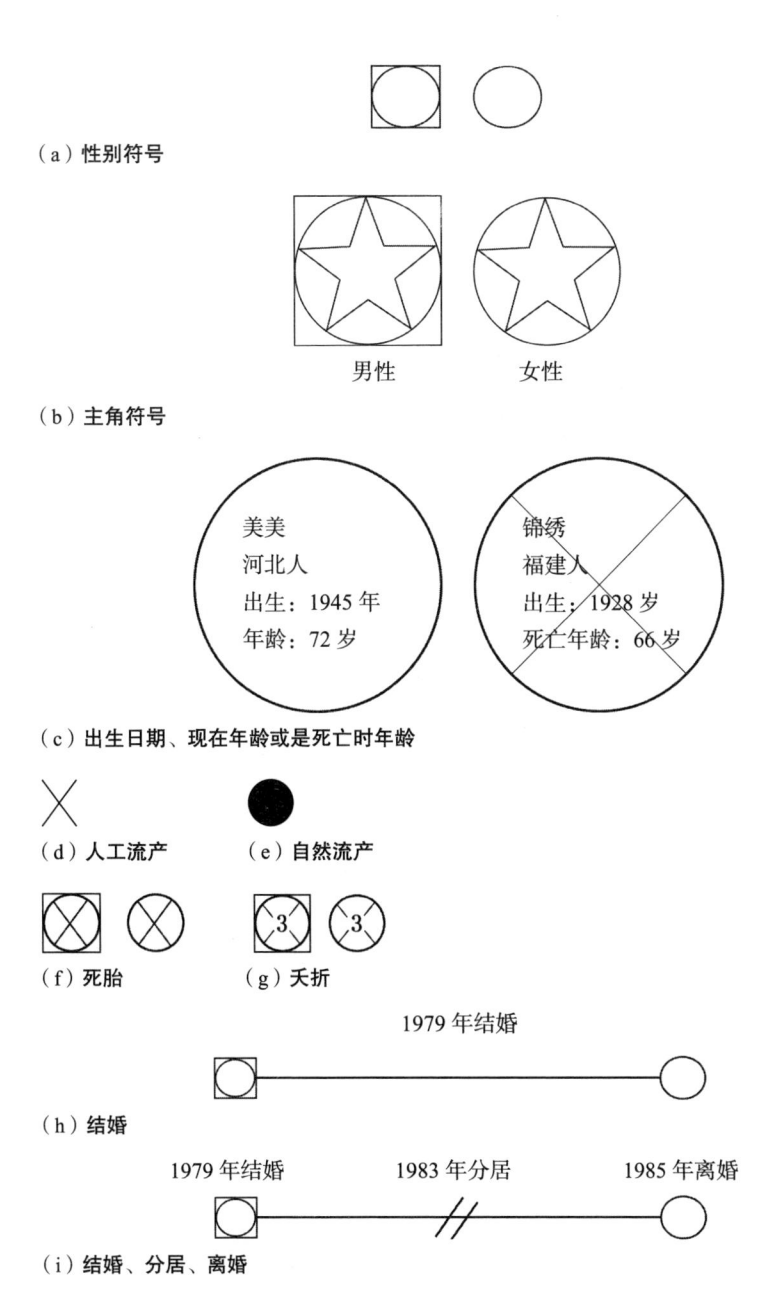

（a）性别符号

男性　　女性

（b）主角符号

美美
河北人
出生：1945 年
年龄：72 岁

锦绣
福建人
出生：1928 岁
死亡年龄：66 岁

（c）出生日期、现在年龄或是死亡时年龄

（d）人工流产　　（e）自然流产

（f）死胎　　（g）夭折

1979 年结婚

（h）结婚

1979 年结婚　　1983 年分居　　1985 年离婚

（i）结婚、分居、离婚

图 14—1　家谱图的符号示意图

第四，回想你 18 岁之前的心情，并依当时你对每位家庭成员的记忆，写出你

145

对他们的个性描述的形容词（每个人三个个性形容词，既可能有正向的，也可能有负向的）（即观点上的过去）。

第五，先找出你在 18 岁之前，原生家庭家中出现的重大分歧，或是在重大压力下的特别事件。画出此刻家庭成员间的关系线，如果某两人之间有不止一种明显的关系，则同时加上第二种关系线（即观点上的过去）。

关系线分成下列四种。

- 细实线：（_____）代表接纳的、少冲突的、正向的关系。
- 粗实线：（▬▬▬▬）代表纠缠不清、很黏的关系。
- 波浪线：（～～～～）代表风暴的、骚动的、憎恨的关系。
- 虚线：（_ _ _ _ _ _）代表有距离的、负向的、冷淡的关系。

第六，写出在压力之下，每位家庭成员的应对姿态。如果某位成员不止有一种应对姿态，那么还可以加上第二种（即观点上的过去）。

第七，写出家规（即观点上的过去）。

第八，画出父亲、母亲的原生家庭图。

注意，我们通常不可能知道所有的信息，当你无法询问亲人或是无法以其他方式了解实际情况时，你可以通过猜测与想象，看看最可能的情况是什么。比如，你不知道父母结婚的日期，那么你可以想象一下，大概会是哪一年。这样的猜测与想象是很有意义的。

反思性问题

第一，家谱图基本资料所引发的问题，包括以下方面。

- 当你画家谱图时，心中有怎样的感受（请用形容词描述）？例如，当我意识到父/母家族多数成员已经过世时，我感到很难过。
- 当你画家谱图时，脑海中出现了什么想法或是看到了什么事实？例如，母亲家族中的女性占比偏高。
- 这些家庭有哪些相似之处（包括相同的价值观、重复出现的共同模式）？例如，父、母、我的原生家庭中，都有很强的宗教价值观。

第三部分
走出家庭的桎梏

- 这些家庭存在哪些明显的差异？例如，外祖父家境优渥，祖父家境贫寒。
- 你的原生家庭与父母的原生家庭，这些家庭成员的出生次序、年龄间隔、性别排列如何？排行和性别对父母与你有何影响？例如，你父母家中有谁是家中独生子女 / 长子 / 长女 / 老幺 / 中间的孩子？你呢？如果你是家里唯一的孩子，那么这种情况是否以某种方式影响了你？
- 三个家庭的权力影响力在男方或是女方？或是男的都很弱，女的都很强？
- 请注意看你记录在家谱图中的信息的平衡程度，有没有父亲多、母亲少？为什么？
- 家族中是否有什么秘密？
- 你的家族中有哪些沟通模式、家规、模式？三个家庭中，沟通模式、家规、模式有哪些相似之处，又有哪些相异之处？
- 在你成长的过程中，整个社会、经济条件对你的家庭（尤其是在家庭稳定、家庭规模、社会地位、成员亲密度方面）有什么影响吗？

第二，家庭生活功能相关问题，包括以下方面。

- 在你的原生家庭里，如果有关爱、愤怒、伤害等情绪，会如何表达出来？大家如何接受这些表达？谁来接受？在什么情形下接受？
- 在你的原生家庭里，家庭成员可以表达自己的需求和愿望吗？
- 哪些人之间可以交谈，交谈时会谈论哪一方面的事？
- 在你的原生家庭里，有没有人可以和别人不同？
- 在你的原生家庭里，家庭成员可以在什么时候、以何种方式获得情感和身体上的独处空间？
- 在你的原生家庭里，家庭成员如何获得注意、关注、表达或得到别人的肯定？
- 在你的原生家庭里，家庭成员如何表达不同的意见？
- 在你的原生家庭里，也许有一些家规，这些家规可能会引起一个或多个家庭成员的关注，家里有人可以评论这些家规吗？
- 在你的原生家庭里，家庭成员可以得到别人的关怀与认可吗？
- 在你的原生家庭里，家庭成员是否可以坚持己见、对他人持有异议？
- 在你的原生家庭里，家庭成员是否都要合乎规则？

第三，有关原生家庭里的关系线和人际关系问题，包括以下方面。

- 在画这些关系线的时候，你注意到自己有什么感受？
- 从总体上看，你的关系线显示出了什么信息——是冲突还是和睦，是自给自足还是过度依赖，是亲近还是疏远？
- 注意看，家庭成员中有哪些人有关系线？有哪些人没有关系线？家谱图上的关系线是如何分布的？你有多少条关系线？谁的关系线数量最多？
- 在你的原生家庭里，你和谁的关系最近？
- 在你的原生家庭里，是否有人和他人没有亲近关系？是否有人与任何人都不亲？
- 在你的原生家庭里，是否有家庭成员想跟别人建立亲近关系，但由于种种原因未能实现？
- 在你的原生家庭里，谁最需要家人的支援和帮助？
- 在你的原生家庭里，谁是麻烦制造者？

第四，对于整个家庭，过去曾有的（也许现在仍有）未实现的期待以及与之相关的问题，包括以下方面。

- 从前或现在，你对你的原生家庭或整个家族，是否有一些没实现的期待？
- 你觉得你自己的家庭过于……或不够……是件不幸的事吗？
- 如果你的家庭仍然可能改变，那么你希望有什么样的改变？比如，变得更加……

第五，如果可以进一步探索自己的家庭，你会提出什么问题呢？

第 2 步：制作家庭生活编年史

制作家庭生活编年史范例

请依次列出对你的家中近两代的所有家人具有影响事件之时间、地点。注意，祖父母、外祖父母及父母三个家庭要分别做。举例如下。

父亲的家

1934 年：祖父张国光于湖南长沙出生。

1939 年：祖母陈美莲于台湾地区台北县出生。

1949 年：张国光全家离开大陆，在台湾地区新竹市定居。

1956 年：张国光与陈美莲于新竹市结婚。

第三部分
走出家庭的桎梏

1957 年：父亲张华霖于新竹市出生。

1959 年：姑妈张正芬于新竹难产出生，其母陈美莲殁。

　　　　其他事件（甚至 30~50 个事件都可以列入）

1981 年：张华霖向母亲彭秀妹提亲。

母亲的家

1929 年：外公彭义志于台湾地区新竹县宝山乡出生。

1937 年：外婆林美花于台湾地区新竹县关西镇出生。

1955 年：彭义志与林美花结婚，住婆家。

1958 年：大舅彭也鸿与母亲彭秀妹双胞胎出生。

　　　　其他事件（甚至 30~50 个事件都可以列入）

1981 年：父亲张华霖向母亲彭秀妹提亲。

我的家

1981 年：父亲张华霖与母亲彭秀妹于新竹市订婚。

1982 年：张华霖与彭秀妹于新竹市结婚。

1982 年：彭秀妹流产。

1984 年：大姊张淑华于新竹市出生。

1984 年：张华霖失业，全家搬到台北县板桥[①]。

1985 年：我，张淑梨，早产出生。

　　　　其他事件（甚至 50~100 个事件都可以列入）

2021 年：我在准备这一份年代表。

---

① 现为台湾地区新北市板桥区。

反思性问题

- 制作家庭生活编年史时,什么对你来说比较容易?
- 制作家庭生活编年史时,什么对你来说比较困难?
- 你花了多少时间来制作家庭生活编年史?
- 在制作家庭生活编年史时,你身体的哪个部位最有感觉?
- 让你惊讶的是什么?
- 制作家庭生活编年史,你对自己的观点有什么改变?
- 你对于你的家族有什么看法?

第3步:绘制影响力车轮

绘制影响力车轮的步骤

第一,在一张大纸的中间圆圈内写上自己的名字。

第二,在你的名字周围环绕一些小圆圈,填上他们的名字,这些人用了哪些方式来支持、引导、指点和影响你,不管是正向的或是负向的,只要是让你觉得难以忘怀的就请记录下来。女性用红色,男性用蓝色。

第三,请你用一条线将你和这些人连起来,尤其是对你的人生有重大影响的人。距离近关系近,距离远关系远。对你影响大的人用粗线,对你影响小的人用细线。

第四,在已经去世的人的圆圈上轻轻地画上阴影。

第五,在代表每个人的圆圈的旁边写上角色(如祖父、老师、朋友)和三个形容词。

第六,给你认为对你有重大影响的人的圆圈涂上颜色。

反思性问题

- 看看你写的形容词,觉察这些写给别人的形容词是不是也在形容你自己?
- 有没有一些形容词会反复出现?有没有哪类形容词从未出现?

第三部分
走出家庭的桎梏

- 你认为常出现的形容词与从未出现的形容词有什么意义？
- 在你的影响力车轮中常出现的人物是成人、权威人物，还是同辈？他们是不是有某个部分和你的原生家庭中的人物很像？以现在这个年纪的你来看，是否有改变？
- 在你的影响力车轮中，是男性多还是女性多？你是否想过这些为你带来了什么影响？
- 在你的影响力车轮的名单中，有没有关系不好且互相影响的？例如，你的母亲不和你的伯父说话，或是你的父亲讨厌你最要好的朋友。这些对你造成了什么影响？在你的影响力车轮中，是否存在让你难以扭转的状态？
- 在你绘制影响力车轮的过程中，你产生了什么感受（如情绪感受或身体感受等）？例如，有些人在你的影响力车轮上让你感到悲伤；你感到自己像孩子般的惊喜与快乐，因为你找到这么多支持你的人；当你记起你的父亲讨厌某人时，你的胃感到不舒服。在你看来，谁是非常重要的？

上述方法能帮助你深刻地了解家庭历史中非常重要的信息，这些信息能够为家庭重塑打好地基。

今日功课

请按照下面的指导开始练习。在回答以下问题的过程中，尽量运用直觉来操作。

第1步：绘制家谱图，列出家庭成员的结构。在这个过程中，你有什么收获和启发？

第2步：制作家庭生活编年史，梳理家庭的历史。在这个过程中，你有什么收获和启发？

第3步：绘制影响力车轮，形成你基本心理土壤的模样。在这个过程中，你有什么收获和启发？

第4步：在了解了你心理发展的土壤之后，你对自己有了哪些新认识？这些认识有什么意义？

经过以上练习，你应该能够更好地掌握在重塑家庭的预备阶段该如何操作。在第 15 课，我们将探索如何让原本深藏水面以下的家庭动力暗流得以浮出水面。

第 15 课

让家中暗流浮出水面
为家庭系统动力做雕塑

知识讲解

第 14 课阐述了家庭重塑技术的预备阶段，第 15、16 课则分别探讨家庭重塑技术的雕塑阶段和重塑阶段。

在萨提亚模式中，为什么要分别将重塑技术的两个阶段称为"雕塑"和"重塑"呢？这并非随意使用的名字和词汇，要想理解这两个词，需要先来了解雕塑的价值和意义。

很多城市的广场上都立有雕塑，一些庙宇里也立有雕塑，这些雕塑有什么意义呢？为什么要立这些雕塑呢？

雕塑是一种很特别的事物，它没有物理用途，却有着重要的心理功能和意义。雕塑的本质是一种具有心理意义的实体符号，每一尊雕塑都代表着一种特别的心理意义。

举个最简单的例子：

一对夫妻常年两地分居，妻子总是见不到丈夫，于是在网上按照丈夫的模样定制了一个泥人，放在了自己的书桌上。

由于丈夫平时工作很忙，因此妻子要是在工作中遇到什么烦心事都会和书桌上的丈夫模样的泥人诉说；当妻子感到自己缺乏力量时，看看那个泥人也会渐渐恢复对生活的信心。

在这个例子中，丈夫模样的泥人就是雕塑的一种形态，这个雕塑具有重要的心理意义，它把远在天边的、非常想念的"丈夫"带到了妻子的身边。尽管在妻子的心里是有丈夫这个影像的，但是如果没有实体化就会缺乏直观感知性，以及那种在眼前的强烈的触动感。

雕塑就是一种把心理因素进行实体化呈现的方式，通过这样的方式，这些不可见的事物变得可见，具有能够被直观感知的形态。萨提亚模式就是运用这样的原理，让内心原本不可见的事物变得能够被直观感知，从而更加直接地对其做出有效调整，进而促使内心逐步改善，直至产生真正的转化。

这就是为什么萨提亚模式在教学或者治疗中，常常运用演员作为个体内心的某个要素的雕塑。让这些雕塑依照个体的内心情况进行互动和发展，通过这样的呈现个体能够更加直观地洞察自己的心理状态，产生之前难以产生的领悟，并基于这些领悟推动关键心理变化的产生。

萨提亚模式中的雕塑过程很像战地指挥室中的沙盘模拟过程，在沙盘中呈现出的因素越多，就越有可能洞察到众多因素之间的关联，也越能找到可以撬动现实的关键因素。

在萨提亚的课堂中，你经常可以看到课堂中间的场地成了一个大大的沙盘，众多演员上场并成了雕塑。这些雕塑会通过案主（即将自己内心进行呈现的个体）的塑造和调整，逐渐形成对案主内心实际情况的模拟和呈现。

这个技术在萨提亚模式中被称为"**雕塑**"，**是一种将不可见的心理因素变得可见、实体化、直感化的有力工具**。家庭重塑技术的前半段就是利用这种方式，将家庭关系在案主内心存储的意义进行实体化/直感化的呈现，以让那些原本混杂在一起的因素变得清晰可见，让那些隐藏在杂乱中的关键得以显现。

也许有人会僵化地认为，萨提亚模式中的雕塑只能用演员的方式，但这其实是一种对雕塑技术的狭隘的理解。事实上，只要是能够将内心进行某种程度实体化/直感化呈现的方式，就都属于雕塑技术。

对于学问的学习不能流于形式（即表面的操作步骤），还需要掌握它的实际内涵（即内核的操作原理），这才是精通它的关键。流于形式的学习将导致只能死板、固化地按照既有流程进行操作，只有彻底掌握内涵才能融会贯通、灵活运用。

语言和体验的鸿沟

大多数心理学的干预技术都是基于语言而发展出来的，但萨提亚模式发现，语言具有很大的局限性，尤其是对于促使心理发生转化（即彻底地改变）而言，这种局限就更加明显了。

近些年非常流行这样一句话："知道不等于做到。"就是说，我们的认知改变和实际变化之间存在着巨大的鸿沟，这句话就是基于语言和体验的距离对现实生活产生影响而做出的总结。

要想通过语言探讨的方式去彻底地呈现这种鸿沟是非常困难的，但我们还是可以做一些尝试。试想这样的情景：

你即将进入一个区域，有两种形态的警示信息：一种是文字形态的——"前方有老虎，请注意安全"；另一种是以视频的方式播放了老虎的样子，又加上警示的说明。

哪种形态的信息将会让你产生更强烈的感受？想必是后者。

这是因为人类的心理是在与自然界的互动中逐渐形成的，其核心功能是为了能够更好地适应自然世界，所以对**人类心理影响最强烈的形态就是直观可感的事物**。语言是人类为了方便交流而产生的，也是人类为了心理信息的沟通而创造的，它仅仅是一种传递信息的工具，而不是心理所需要重视的自然界对象。

缺乏直观可感的信息对于人类的心理系统来说，缺乏了强有力的直接触摸能力，因此也缺乏了对心理系统的冲击力。

就像微弱的水流无论如何也无法直接为客观世界带来强烈的改变一样，这些缺乏直观可感的语言也像微弱的水流，能让个体的心里感觉到"水"（信息）的存在，却无法造成"冲击"（心理影响）。

当然，这里也并不是说"语言＝没有冲击力的信息"，如果是这样，马丁·路德·金的演讲《我有一个梦想》就不能造成那么广泛而强烈的影响了，丘吉尔的演讲也不可能激发全英国人民的战斗热情去对抗纳粹的侵略了。

这里说的是"直观可感的信息＝具有心理冲击力"，不论是运用语言，还是一些更加直观的形式。这也就是为什么那么多商家花大价钱也要将自己的产品变成广告，而不是仅仅用说明的形式（可以节省大量的制作广告的成本）进行宣传，因为后一种方式不具备心理冲击力。

在心理治疗中也是如此。萨提亚模式正是因为具有这种洞见，所以在设置咨询的基本媒介时，让其不仅包括语言形态，还包含非语言形态，并逐步发展出了许多非语言形态的干预方法和工具。这些做法的核心原因就是为了让干预手段能够真正带来强烈的心理影响，实现这一目标的基础就是让信息成为直观可感的形态——雕塑。

雕塑的具体方式

隐喻及隐喻故事

在萨提亚模式中，虽然对隐喻的讲述不多，但隐喻在萨提亚模式中的地位却是无比重要、无法替代的。为了更好地还原萨提亚模式对隐喻的观点，我们可以通过摘录《萨提亚家庭治疗模式》一书第10章关于雕塑、隐喻部分的一些内容来了解。

书中是这样评价这些工具的："这些工具几乎可以在任何治疗情境当中使用。""通过增强这些方面的能力，治疗师得以拓展治疗师自己的干预。"

在这本书中，还有一些关于隐喻的访谈记录，这些来自萨提亚本人的语言描述十分清晰地讲述了她对于隐喻的观点，将访谈中的部分内容摘录如下：[1]

问：你似乎在治疗干预中使用大量的隐喻。你会怎样总结和概括治疗当中隐喻的使用？

---

[1] 此部分是这个访谈重点内容的摘录，是在其连续对话中摘录的重要信息汇总。括号部分内容为作者解读和补充，并非萨提亚原话。

第三部分
走出家庭的桎梏

答：……通常语言的表述是一个非常具有局限性的因素。……隐喻就像是一位助理治疗师……它在个体的头脑中创造出一幅图画，语言没有这样的传达能力。它开启了一个完全不同的改变过程。……我之所以对此有大量的经验，是因为我所需要做的，就是寻找各种方式来使意义（具有心理含义的信息）得以传达。而来自自然生物世界的隐喻，常常是最有效的传达意义（具有心理冲击力的信息）的方式。

问：隐喻的使用是怎样将大脑的左半球和右半球联系起来的呢？

答：对整个大脑和大脑的各个部分的使用会产生大量的活动。……我最感兴趣的东西往往超越了逻辑，依靠直觉产生画面，产生可以触发更深层次改变的感觉。隐喻可以带给人们画面、激活感觉，视觉、听觉和触觉都可以为我们的大脑提供"一个意象"，这个意象又提供了一个直觉改变的过程。

问：为什么这一点在治疗中如此重要？

答：我认为绝大部分的治疗都被当作一个智力练习（像是走出迷宫那样的智力题）来实施。即使一些治疗师询问他们的来访者"你的感觉如何"，他们得到的答案却是来访者的想法，他们接受了这些回答，所以整个治疗活动仍旧仅仅是一个智力练习。我相信并不断实践雕塑、隐喻和图像技术，以激活整个大脑，从而激活整个个体。

在这本书第 10 章隐喻部分的结尾处有这样一段总结：

我们感到在治疗过程中使用隐喻是一种强有力的激活大脑右半球的方式，它可以为我们带来深层次的改变和转化。因此我们会鼓励大家使用这一技术。事实上，萨提亚模式的许多工具，例如应对姿态、个性部分舞会，以及对绳索的使用都是一种隐喻 [和前文中的狭义隐喻（一种类比的表达形态）不同，这里隐喻指的是广义隐喻——类比性的思维方式] 的过程。它们将个体内心加工过程外化，并展示出个体间的关系模式。

通过这个总结，我们可以发现在萨提亚模式中，隐喻指的就是运用创造"直观可感"的语言方法，那么这种方法到底是如何操作的呢？

在讲述如何运用隐喻的时候，萨提亚本人用了一种很"隐喻"的方式：

让我们假设你是我的一个来访者，你正在苦苦寻求一些途径，试图通过照顾的方式来帮助某个家庭成员，与此同时他却对你存在很强的依赖性。我会这样对你说："你知道，我想要告诉你一个小故事。"我会告诉你这样一个故事，有两个在同一个村庄长大的男人，他们从孩子时候起就是一对好朋友了。其中一个长大后成了一名富裕的渔夫，另一个仍然很贫穷。

他们彼此相亲相爱，所以这个富裕的渔夫20年来每天都会送给自己的朋友一尾鱼。就这样，经过多年每天相同的帮助，这个渔夫对自己说："其实我根本没有帮助到他。我实际上是在侮辱他。"他苦苦思索了一整个晚上自己该做些什么。最后他想出了一个办法，到了第二天早上，他的好朋友来了之后，渔夫对他说："瞧，我的朋友，这里是今天给你的鱼。我还带给你一只鱼竿，我会教你如何为自己捕鱼。"

事实上，萨提亚本人就是这样运用隐喻的，这个例子中运用的是隐喻故事（也可以称为"治疗性隐喻故事"，简称"故事"），当然也还存在许多不同的隐喻形态。

如果你细心地观察上述故事，就能发现这个故事的结构和来访者问题的结构非常相似，隐喻就是运用类比思维来进行语言设计的表达形态。无论是指桑骂槐还是借古言今，其本质都是隐喻，表15-1中所列的方式都是隐喻的一些具体形式。

表15-1　　　　　　　　隐喻性表达的具体形式

隐喻性语言表达	隐喻性非语言表达
隐喻性概念	手势、姿势和舞蹈
比喻	符号与图腾
隐喻故事	声音与音乐
小说	特殊气味
口号	触摸方式
成语、俗语、典故等	特殊仪式等

在这些形式中，最为常用的就是隐喻故事，因为这种形式最为常见，也比较容易学习和运用。与接下来讲的三种方式相比，由于隐喻和隐喻故事是语言形式的，因此使用起来不需要借助任何实物工具，可以非常方便地在咨询中随时使用，故最

被萨提亚重视。

在萨提亚模式中运用隐喻故事来对家庭做雕塑，就是为自己的家庭构建一个故事，从而让家庭动力机制变得直观可感。

由于本书篇幅的限制，关于隐喻和隐喻故事治疗的内容，在本书中无法充分展开探讨，我们将在即将出版的《爬出泥潭：用隐喻故事帮人走出困境》（暂定名）一书中进行更加详细的探讨。

沙盘

近些年，沙盘游戏治疗是一种基于荣格分析心理学学派发展出的在当下非常流行的治疗工具。

沙盘游戏治疗也被称为"箱庭疗法"，是在治疗师的陪伴下，来访者从沙具架上自由挑选沙具并摆放在沙盘里，创造出一些场景。治疗师会运用荣格的相关理论去分析来访者的作品，以更为深入地了解来访者的内心。

许多心理咨询室中都设有沙盘，它如今已成为心理咨询中的常用工具。荣格分析心理学的基本框架与弗洛伊德的精神分析类似，其核心目的在于分析，即理性地去探究无意识中的情况，分析症状的关键原因并解决，从而解决问题。然而，在萨提亚模式中使用沙盘，其实质是使用沙盘作为雕塑的媒介，而不是为了分析性地探究原因，其核心目的是让内心的运作机制成为直观可感的雕塑，为实施重塑（即对系统整体进行直接干预）打好基础。

绘画

绘画也是一种常见的心理咨询工具，它也是一种基于荣格分析心理学的工具，有许多比较流行的绘画治疗议题，如"房树人""自画像"。

绘画和沙盘类似，它们各有优缺点。

绘画的优点是方便，操作没有空间限制，不需要太多辅助设施，而且没有框架限制，可以发挥自己的创造力，更加灵活；缺点是相对需要更强的想象力，有些人会对绘画有畏难情绪。

沙盘的优点是容易操作，不需要具有太强的想象能力，由于有众多可选择的沙具，因此完成起来更加容易，内容也较容易呈现得比较丰富和体现细节；缺点是对创造力有一定的限制，购置成本相对较高，不方便携带。

可以根据来访者的创造力水平、年龄和场地等相关因素，选择更为适合的方式。绘画的使用目的、方法和沙盘是一致的，在此不再赘述。

舞台剧

舞台剧是在萨提亚课程/演示中最为常见的雕塑形态，这种形态的成本比较高，需要许多人配合。舞台剧是这几种形态中效果最为突出的，也最适合让入门者通过观摩雕塑和重塑的历程来学习，因此也被集中运用于萨提亚教学的课程或演示中。

这种雕塑形态效果之所以比较突出，是因为它不仅包括视觉信息，还包括更具真实感的听觉、感觉等众多信息，这极大程度地提升了直观可感性。此外，雕塑还能配合呈现身体姿态、沟通姿态、语音语调和常用话语等重要信息，这些都能增强重塑所带来的改变效果。

内感知觉

内感知觉是一种更需要想象力的雕塑形态，就是利用来访者的想象能力，在内部形成直观可感的图像、声音和感受，并基于这些内部想象的雕塑再进行重塑的过程。这种方式具有一定的操作难度，有冥想、禅定、内观等修习经验的人可以采用这种方式来尝试，在此不进行过多的说明。

操作方法

第 1 步：选择雕塑形态

选择一种雕塑形态作为操作平台

隐喻故事，将待雕塑的情境表述成故事的雕塑形态。

沙盘，将待雕塑的情境通过摆放沙具以形成沙盘的雕塑形态。

绘画，将待雕塑的情境用图画进行表达的雕塑形态。

舞台剧，借助演员将待雕塑情境呈现出来的雕塑形态。

内感知觉，运用想象力创造的内部感知将待雕塑情境呈现出来的雕塑形态。

雕塑的具体方式

雕塑的具体方式，就是将关系或事件中涉及的人，进行人物置入、姿势塑造、个性呈现、台词还原等，这样就形成了具体的雕塑个体，然后再让各个雕塑个体之间呈现出彼此之间关系的远近、位置、高低、朝向等具体呈现，接着进行互动性表达，这就完成了雕塑过程。

由于雕塑所基于的心理对象不同，因此可以将雕塑过程分为以下两种版本：如果想要重塑家庭就用版本1，这是对原生家庭造成心理影响的雕塑；如果想要重塑某个关键影响事件就用版本2，这是对关键事件造成心理影响的雕塑。

版本1：家庭重塑的雕塑阶段

第2步：雕塑主角的原生家庭

对原生家庭的父母和你之间的某个创伤性事件进行雕塑，在这个创伤性事件中直观地呈现出原生家庭的整体动力性状态。

第3步：雕塑主角父亲和母亲的原生家庭

对父母各自的原生家庭整体状态进行雕塑，让父母成长的背景得以直观呈现。

第4步：雕塑主角父母的约会、求爱和婚礼场景

对父母的约会、求爱和婚礼场景进行雕塑，直观地呈现出父母对于恋爱、婚姻以及孩子出生的情感状态。

版本2：关键影响重塑的雕塑阶段

第2步：雕塑关键影响事件

以下事件被称为"关键影响事件"：

- 重要他人的突然死亡；
- 创伤、暴力或是悲剧性的体验；
- 暴怒和被压抑的愤怒；
- 令人恐惧的幻想；
- 在当前根据新的应对模式做出的决定。

将这些事件中涉及的人和互动过程作为雕塑的对象，用所选的雕塑形态进行直观呈现。

经过雕塑过程，就能为重塑过程打好基础，在进行重塑之后就可以实现真正的心理转化了。

案例实录

背景信息

小静10岁时，她的父母离异，小静跟着母亲生活，她觉得自己无法感受到爱，还常常觉得自己失去了平衡。最近，小静谈恋爱了，但她发现自己无法很自在地与男友相处，她知道这一定与自己的原生家庭有关。于是，在萨提亚课堂上，小静做了家庭重塑的主角，通过伙伴们的扮演，小静发现她的心结是因为以前一直站在小孩子的角度来看父母离异这件事并陷在里面出不来。重塑后，她看到了一些自己之前没发现的，终于打开了心结。

我们来看看小静在工作坊里是如何通过伙伴的扮演而获得了这些珍贵的发现的。

第三部分
走出家庭的桎梏

准备阶段

主角分享议题和期待

丽娃：小静，你在我征求主角时提到，父母离异后，你跟母亲生活。你父亲的原生家庭中女性很少，他缺乏和女性相处的经验，因此你父亲在和你母亲以及你交流互动的时候，都显得很笨拙。如果家庭重塑可以帮助你，那么你希望它可以帮助你什么？

小静：我希望可以帮我联结爱和平衡。我在生活中常感受的爱是缺失的、不平衡的。

丽娃：联结爱和平衡，是和整个家族的联结，是这样吗？

小静：是的。

丽娃：你期待有什么样的发展？

小静：我期待我在表达爱时能更顺畅。尤其是最近我在与男友相处时，我觉得我自己在表达爱方面是阻断的。

丽娃：你可以举一个例子吗？在日常生活中，什么样的表达算是顺畅的？或者，你也可以先举一个表达不顺畅的例子。

小静：在我和妈妈相处时，有时我看到妈妈很难受，但是我自己感觉被卡着，想表达却表达不出来。

丽娃：是被什么卡着的感觉吗？

小静：是喉咙喧着的感觉！

丽娃：这喧着的感觉存在多久了？

小静：很久了，从小就有喉咙被喧着的感觉。

主角分享影响轮和家谱图

丽娃：现在，请小静先来介绍自己的影响轮。

小静介绍影响轮中的人物以及他们对小静的影响。

丽娃：接下来，请你介绍你的家谱图，先从原生家庭开始。

小静：好的。我父亲出生在1961年。

丽娃：1961年，这个年代正是大饥荒的年代，这个年代出生的孩子，先天条件往往不充足，能生存下来就已经很难得了。你的父母都出生在这样的年代，又都可以生存下来，他们都是属于生命力很强韧的人。好，请继续。

小静：我在长大以后才知道，在我母亲生我之前，其实还怀了一个男孩，但是流产了，是自然流产的。

丽娃：通常前面夭折或流产过一个男孩，后面出生的孩子就会承担着很多的遗憾、期待。

介绍了自己的原生家庭以后，小静介绍父亲的原生家庭。

小静：我爷爷出生在1921年。

丽娃：1921年，那时战乱不断，那代人通常会学到一点——就算不表达也是在保护自己。爷爷不会表达也会影响到你的父亲，同时也影响了你的不会表达。

小静继续介绍母亲的原生家庭。

丽娃：小静的家庭故事很丰富，我们开始对小静进行家庭重塑。

引导主角挑角色

丽娃：请小静邀请伙伴来扮演你家庭中的角色。助教请到我这边，稍后我一边说你一边写挂牌，写好的就可以拿给小静，小静就可以拿着挂牌去邀请。

小静点头，助教准备好。

丽娃：第一个是"自我"。请小静拿着"自我"的挂牌，看看哪个伙伴可以扮演你的自我？

小静：（选好伙伴并走到她的面前）你可以扮演我的"自我"吗？

伙伴：非常愿意。

小静把"自我"的挂牌给了这位伙伴。

丽娃：请各位伙伴注意，对于小静的邀请，你可以选择接受或不接受。如果你接受了，稍后在重塑时就要全力以赴。

接着，小静依序邀请伙伴扮演父亲、母亲、爷爷、奶奶、姑妈、大伯、三叔、四叔、五叔、姥姥、姥爷、大舅、小姨、小舅、哥哥（夭折的）。

丽娃：我和小静一起来导这出关于小静家庭重塑的戏。请各位演员挂好挂牌，我们稍后会一幕一幕地表演，还没有上场的伙伴，请你们先坐在自己的座位上。

重塑阶段

第一幕：雕塑主角的原生家庭

父亲、母亲、哥哥、自我，上场。

丽娃：小静，在你的原生家庭中，父亲、母亲、哥哥、自我，四位之间的关系像什么？彼此的距离远近如何？方向如何？彼此之前的位置、高低地位如何？彼此是面对面还是背对背？就在我们的这个场地上，请你分别把父亲、母亲、哥哥、你的位置摆出来。

小静开始雕塑原生家庭。父亲离小静比较远，母亲离小静也比较远，哥哥离小静更远且背对着三个人。

丽娃：小静，你在自述中提到，父亲的沟通方式是指责，他指责谁？

小静：父亲指责母亲。

丽娃：你说母亲是讨好，你也是讨好。你们分别讨好谁？

小静：母亲讨好父亲，我讨好母亲。

丽娃：请你为你的原生家庭的各个成员调整沟通姿态。

小静调整沟通姿态。

丽娃：你刚刚有没有发现，当父亲要指责母亲的时候，父亲要避开你。对此，你想到了什么？

小静：我的确观察到了，这让我很惊讶！原来父亲是通过这样的方式在保护我、在爱我。

丽娃：那么，在你与父亲之间，是不是在你很小的时候就有了爱的联结？

小静：是的（哽咽）！

关于小静原生家庭沟通形态的雕塑继续进行，在此过程中，丽娃带着小静不停地观看，也一直让小静接触感受并进行一致性沟通。

当小静看到母亲一直蹲着时，她感觉到母亲的疲累与委屈。丽娃引导小静来到母亲身边，与母亲对话说出对母亲的心疼，理解母亲的辛苦。母亲也回应着小静。

当小静感受到母亲的孤单时，丽娃引导小静来到父亲身边，说出想对父亲说的话，开启父女之间最真实、真诚的对话。

丽娃：大家有没有发现，小静在雕塑刚开始的时候，讲话有点吞吞吐吐的，到了后面，表达就很顺畅了，和父亲的交流也非常顺畅。

小静：这的确很奇妙！刚开始要与父亲交流的时候，我还是有那种噎着的感觉，但是到了后面我就变得很顺畅了。

丽娃：哥哥，虽然你在这个家里的时间很短，但也想邀请你跟小静交流一下。

小静和哥哥手拉手做了一些交流。

丽娃：小静和哥哥交流后，对彼此有了更多的理解。小静，请你带着哥哥对你的祝福，慢慢地把你的手放开。在放手的同时，也把你过去替代哥哥的责任感慢慢地放开，回到你自己，放掉不是自己的责任，担负起你该负的责任。请哥哥先退场。然后，也请父母退场。

第二幕：塑造父亲的原生家庭

丽娃：接下来，我们将雕塑父亲的原生家庭，请爷爷、奶奶、姑妈、大伯、三叔、四叔、五叔、父亲全部出列。根据小静的描述，大伯总是严肃，大家都不太敢和大伯说话；姑妈很有男子气概；三叔比较高傲，不喜欢笑也不喜欢说话；四叔很幽默，很会照顾人；五叔是大伯和姑妈一起带大的，比较胆小，但也比较幽默。小静，请你把他们之间的关系和前后、左右、方向和距离安排出来。

小静去塑造每个人物。

丽娃：听你说家谱图时，你说这个家庭有离异、失踪、赌博等现象，现在他们彼此之间的关系被你安排好后，好像有一些其他的东西呈现了出来，你看到了什么？

小静：我看到了家庭中的成员的关系虽然不是很近，但是有联结，他们都在一个圆里面。父亲在这个圆里面，在这个家庭里面，我突然有一种感觉，为什么这个家庭的成员都要逃离这个家庭呢？是因为这个家庭中的压力太大了。

丽娃：如果父亲想要逃离这个家庭，那么对于父亲来说，跨出这一步是容易的还是困难的？

小静：困难的！

丽娃：困难在哪里？这种情况对他来说，他的身体姿势是什么样的？

小静：父亲会左右为难，身体姿势就像这样（小静摆出前脚跨出去、后脚被拖住的姿势，这时扮演父亲的伙伴不停地点头）！

丽娃：这个左右为难，在你的生活中是不是也是经常出现的？

小静：是的。

丽娃：你从小到大想要很真实地表达的时候，是不是会有一个东西让你噎着？

小静：是这样的！

丽娃：你知道是什么让你噎着吗？

小静：是那个左右为难。

丽娃：现在的小静已经长大了，有了丰富的人生经验，有了自己的想法，也有了自己对于事情的判断，这样就能表达更清晰、更顺畅了。请各位先回到自己的座位，接下来，我们来看看小静母亲的原生家庭。

第三幕：塑造母亲的原生家庭

丽娃：请小静的母亲、姥爷、姥姥、大舅、小姨、小舅出场。小静请你安排他们彼此之间的距离、方向、远近、前后、左右。

小静去塑造每个人物。

丽娃：我们可以看到，小静的母亲、大舅、小姨、小舅是手牵手的。这一点很特别，这里也是一个圆。在这个圆圈里，母亲是第一个出生的女孩，随后大舅出生，母亲的兄弟姊妹出生顺序是女生、男生、女生、男生。母亲的原生家庭与父亲的原生家庭里都有一个圆，在你的心里，这两个圆对你来说有什么区别？

小静：我觉得区别在于距离，母亲的原生家庭的这个圆是温暖的、安全的，父亲的原生家庭的那个圆是有压力的。

丽娃：请各位回到自己的座位，接下来，我们来看看父母相遇、结婚。

第四幕：塑造父母约会、求爱和婚礼场景

丽娃：小静，请你谈谈你的父母是怎么认识的？

小静：母亲曾告诉过我，她还在上小学的时候，每天上学放学都会路过父亲家，父亲家就在离学校门口很近的地方。她在那个时候就对父亲家有些印象——离学校很近、家庭生活不容易。我奶奶去世比较早，年龄比较小的几个叔叔都是靠我姑妈、大伯、父亲照顾带大的，那时大的孩子甚至还要背着小弟弟上学。后来，母

亲工作了，经人介绍认识两人就走到了一起。父亲是母亲的初恋，但其实我的姥爷、姥姥并不看好父亲，尤其是姥爷极力反对，觉得门不当、户不对，但母亲还是决定要嫁给父亲。

丽娃：现在，请父亲、母亲上场，演出父亲追求母亲的场景。

父亲表演追求母亲的情景。

丽娃：看起来父亲在追求母亲时有一点点羞涩，是这样吗？是不是感觉这个女孩还不错？是担心被这个女孩拒绝吗？

父亲：是有些担心被拒绝，但后来发现原来没我想得那么难。

丽娃：我们邀请父亲、母亲来重现他们结婚时候的场景，请工作人员播放《婚礼进行曲》。

父亲、母亲表演结婚走红毯。

丽娃：好，停！你有没有看到他们走红毯时的神情？

小静：有，我看到他们在走红毯时，母亲很开心，她有几次回头去看父亲，父亲也以温暖的目光回应她，他们都很开心。

丽娃：是的，父亲和母亲结婚时，彼此之间爱的联结是很明显的。

第五幕：塑造小静的出生

丽娃：接下来，我要导演一幕小静出生的场景。请父亲和母亲并排，手钩着手，内侧的两只脚紧紧地靠着，小静要再一次出生——带着对父亲和母亲新的理解，再一次出生。父亲和母亲紧紧地靠着就像产道，小静要从父亲和母亲中间钻出来，象征重新出生。

小静奋力地从父母并排的缝隙中挤出来。

丽娃：你感受到了什么？

小静：一开始看到两个人之间没有缝隙，我感觉到了强大的压迫感，于是我尝试着挣出来，我拼命地往外挤，我察觉到我害怕。后来，我发现下面有一个小缝隙，我就往下挤，最终就出来了。出来以后，我感到放松下来了，没有那么担心了，感觉好一些了。

第六幕：重新塑造与父母的关系

丽娃：我们再来雕塑另外一幕。此时此刻，你比刚开始的时候了解得更多了，现在你与父母的关系如何？

小静：我需要重新塑造我与父母的关系。

小静与父母的距离等距，父母之间的距离稍微远一些。

丽娃：我观察到了距离出现了一些变化。在我们刚开始雕塑你的原生家庭时，你和父母的关系不是这样的，现在有了变化，这个变化是怎么来的？

小静：这个变化来自我理解了父母的成长，也知道他们当时是幸福的，我发现现在我对父母的观点多了很多角度，不再是以前我看到的、认为的那样。现在我觉得这个关系更近了，就更舒服了。

丽娃：下一次你要回家的时候，你要回哪个家？

小静：我两个家都要回——父亲的家、母亲的家。

丽娃：请扮演的伙伴们"卸角色"，请大家面对一面墙，想象自己站在镜子前，想象你的头上戴着主角，也就是小静的帽子，用一只手将帽子取下，也将挂牌取下。用另外一只手戴上自己的帽子，在镜子前看到自己戴着自己的帽子，说三次"我是……"。也可以全身动一动、抖一抖、跳一跳。再请大家到小静面前，把扮演的角色挂牌还给小静并对她说："我不是你的……，我是……"

主角发言

小静：我发现我的身上有很多父母的东西。我一直以为，爷爷家的孩子彼此之间的关系是散的，但今天的感受完全不同。我之前以小孩子的视角来看父亲的原生家庭，听到老师说饥荒等大背景时，我突然懂了这些长辈的很多做法和行为其实有那个艰苦时代下的不得已。对于父亲、母亲，我以前一直都是站在小孩子的角度来看这件事情的，觉得父母离异让我失去了爱，也让我失去了平衡，于是我长久以来陷在这样的漩涡里面出不来。今天，通过家庭重塑，我发现父亲和我还是有爱的联结的，父亲和母亲之前也是有爱的。看到这些，我的心结打开了。今天的收获特别大，谢谢大家。

今日功课

请按照下面的指导开始练习。在回答以下问题的过程中,尽量运用直觉来操作。

第 1 步:回忆一个你和父母之间发生的创伤性事件,用隐喻故事的方式记录下来。

第 2 步:你父亲的原生家庭是什么样的?在他的原生家庭里,家庭成员之间是如何相处的?

第 3 步:你母亲的原生家庭是什么样的?在她的原生家庭里,家庭成员之间是如何相处的?

第 4 步:你父母的约会、求爱和婚礼场景是什么样的?他们在步入婚姻的过程中经历了什么?他们对于孩子有什么样的感受和期待?

第 5 步:对于刚才写出的故事,你对于你的家庭有了什么新的直观了解?有什么样的感受和启发?

经过以上练习,你应该能够更好地掌握家庭重塑技术的雕塑阶段该如何操作。在第 16 课,我们将探索如何运用萨提亚模式彻底重塑内在家庭系统。

第16课

重建你的内心地基
重塑你的家庭系统

知识讲解

本课的内容是萨提亚模式家庭重塑技术的后半部分——重塑阶段。在经过了预备阶段、雕塑阶段之后，就可以进入重塑阶段了。

家庭重塑技术的三个阶段的作用如下。

- **预备阶段是信息梳理阶段**，将尘封已久的零散信息重新拼成完整的历史，并将其作为生命经验发展变化的索引目录，帮助个体在对其脉络性梳理的基础上，提升对自己心理的整体性把握水平。
- **雕塑阶段是信息形态转换的阶段**，将死板的文字性信息形态转化成直观可感的雕塑（具象信息形态或实体信息形态）的阶段，通过这种俯瞰式全景视角的直观观察（就像航拍一样的视角），获取原本难以感知的整体/系统结构相关的重要信息（高处俯瞰低处时能够看到的结构部分，是在低处无法感知的）。
- **重塑阶段是注入养分并发生成长和转化性改变的阶段**，通过雕塑阶段的呈现，使得系统的动力结构问题和关键问题点变得直观和清晰，就像一棵枯萎的植物，生命体内部的运行系统出现问题，只要能够给予适当的养分就可以成长和转化，并逐渐走向良好运转的状态。

通过以上探讨，我们可以看到萨提亚模式家庭重塑技术的整体框架，这个架构其实不仅可以用于家庭（萨提亚模式中的三代家庭），还可以用于所有的内心转化工作。

因此，在萨提亚生命的最后五年里，她基于这个架构发展出了关键影响重塑技术（即雕塑阶段的操作部分版本 2 中的内容），对于任何对个体有过强烈心理影响的事件，都可以采用这个过程促使转化性改变的发生。

也就是说，虽然这个技术名为"家庭重塑技术"，但它其实在后来已经被发展为内心重塑的基本过程了。通过这个过程，可以推动个体的内心产生结构性重塑（即内在心理系统的结构性优化），并最终帮助个体收获转化性改变（即个体产生由内及外的彻底变化）。

接下来，我们来好好地聊一聊重塑阶段的具体过程。萨提亚模式对心理问题的看法和处理与许多心理治疗方法有很大的差别，理解这种差别是理解重塑技术的核心关键。

萨提亚模式的思想基础

萨提亚模式是一种基于人本主义心理观和系统治疗方法论的心理治疗模式，如果无法理解这两种基础要素，就无法准确地理解"重塑"的含义，也无法理解萨提亚模式所追求的转化性改变的本质。

心理观：自我实现的机体

从弗洛伊德开始到人本主义心理学出现之前，在心理治疗领域主要流行着两类心理观。

- **精神分析及动力取向心理治疗流派认为**，人的心理（精神）是由无意识过程（无意识"动力"机制）决定的，无意识过程就像一个自动化的机器一样不停地、自动地工作，通过探索（分析）找到问题所在并进行修整（修通），这个人就会好起来。
- **认知行为取向心理治疗流派认为**，人的心理是由认知和行为两个主要因素构成的，就像电脑的信息处理和指令执行一样。如果电脑出了问题，要想修好它，就要找到信息处理的错误和指令执行的错误并加以修正。

这两种取向是同一个心理观的不同表现，就是把人的心理当作某种机械，认为机械故障是导致问题出现的主要原因。心理治疗就是找到心理机器的机械故障，通过排除和修复这些故障让机械得以正常运转。

人本主义心理治疗思想并不认同这种心理观，人本主义提出了一种新的心理观：**人是生命体，心理也是这个机体的一部分**。这样，人就被天然地赋予了一种自我实现的先天机能，正是这种机能驱使着人/心理的机能良好运转。"出现问题"则意味着，自我实现的先天机能因缺乏必需的养分或条件而受到了阻碍。因此，只要创造出所需的养分或条件，生命体就能在自我实现机能的作用下，自发地向着良好运行的方向发展。

人本主义认为，在修复机械这类经验中适用的静态地分析问题、解决问题的方法，在心理治疗中并不适合。只有通过生命体自身的动态运作机制的呈现，才能获悉生命体在实际环境中所缺乏的养分或条件是什么，从而有针对性地给予。

卡尔·罗杰斯的当事人中心疗法是人本主义心理学阵营中最为著名的疗法之一，这套治疗方法的核心思想是，具有心理问题的当事人就像一个即将枯萎的生命体，其问题形成的原因在于，缺乏良好的成长环境（通常是缺乏良好的原生家庭人际互动），如果将咨询关系塑造为一种良好的"生命体成长环境"，那么这个当事人就可以基于"自我实现"的先天机能获得成长，并因此走向更加健康的心理状态。

因此，罗杰斯致力于让咨询关系成为"良好的生命体成长环境"，并在做了大量研究后最终发现了实现成功的心理咨询的三个必要条件：（1）自我一致/诚实；（2）无条件积极关注/认可；（3）共感性的理解/共情。对此，可回看第12课内容。

方法论：系统中的个体

萨提亚模式之所以隶属于人本主义阵营，是因为萨提亚模式持有的是人本主义心理观，并在方法层面上进行了更加深入的探索。

事实上，萨提亚本人并非当事人中心疗法的学习者和秉持者，她最初接受的是精神分析训练，但她在心理治疗实务工作中经过多年的摸索，创造出自己独立的治疗理论之后，才发现自己通过实践得出的家庭治疗理论的核心思想和人本主义阵营是一致的。

虽然基础思想是一致的，但还是存在着一个重大的不同，这个不同也是源于萨提亚的实践发现。

在《萨提亚家庭治疗模式》一书的开篇，记录了让萨提亚走进家庭治疗领域的缘起和实践探索的整个过程，在此将这部分内容摘录如下。

在 1951 年，萨提亚采用联合治疗（治疗师在同一个疗程中会见所有的成员）接待了她的第一个家庭。事情起源于她对于一位已经被诊断为精神分裂症的年轻女患者的治疗。经过了大约六个月的疗程之后，这位患者的情况得到了极大的改善。但是在这之后，萨提亚却接到了来自患者母亲的一个电话，她的母亲声称自己要控告萨提亚离间她们母女之间的感情。

萨提亚并没有按照字面意思来理解这位母亲的话，而是听出了她声音中隐含的请求。于是，萨提亚邀请这位女士与她的女儿一起来参加下一个疗程的治疗。当治疗开始之后，女儿与萨提亚之间的关系顿时开始瓦解，这位女患者似乎回到了她治疗过程中的起点。

而当萨提亚继续与她们母女开展治疗的时候，一种崭新的治疗关系渐渐在母亲、女患者以及治疗师之间形成。萨提亚由此想到，邀请这个家庭中的父亲/丈夫也加入进来。但是当他真的成为治疗过程中的一部分的时候，刚刚建立起来的治疗关系再一次土崩瓦解。

此时此刻，萨提亚意识到她开始接近事情的核心。

她询问在这个家庭中是否还有其他成员存在。余下的这个成员被家人描述为"黄金宝贝"，他是家庭当中的儿子（也是这位女患者的兄弟）。当他进入治疗室并展现出他在家庭中的权力地位时，萨提亚更加清楚地看到了女患者所扮演的毫无地位可言的家庭角色，以及她为了在家庭系统当中生存下去而做出的种种痛苦挣扎。

这些早期经验以及接下来许多相似的案例让萨提亚意识到了在家庭体系中存在的动力和力量。治疗开始明显地选择多个家庭成员的参与，而不仅仅对被认定为患者的个体进行工作。萨提亚不断发展和尝试各种各样的方法，以达到干预整个系统的目的。这意味着她可以通过改进家庭成员之间的沟通方式，将改变带入整个家庭（或体系）中。

上述这一切无疑将帮助每一个单独的家庭成员以及整个家庭系统，从一种功能不良和紊乱的状态蜕变为一种更加开放、灵活，并且充满令人满意的内部关系的

第三部分
走出家庭的桎梏

状态。

…………

作为一个创新的、独立的思想家和科学工作者，萨提亚探索到了当时存在的治疗惯例之外的领域，并帮助人们发展出有助于人们成长并变得健康的两个新概念。第一个概念抛弃了古老的亚里士多德充满线性、单一因果论的看法，而是提倡艾尔弗雷德·科尔兹布斯基、路德维希·贝塔朗菲，以及后来的葛瑞利·贝特生[①]等人的系统性思考方式。第二个概念建立在克尔凯戈尔等人的积极存在主义的理论基础之上。他们认为人类能够展示出积极的生命力量，而正是这种力量可以将人们功能不良的应对方式转化为高自尊情境下的高水平自我关怀。

从这个过程中，我们可以知道萨提亚在1951年的治疗实践的启发下，开始了对从个体治疗转向联合治疗（家庭治疗或系统治疗）的探索，这推动了萨提亚对心理治疗对象看法的转变——从独立的个体转向了系统中的个体。

结合前面的内容，这种转向其实也不难理解：如果把来访者比作一株有些枯萎的植物（个体），罗杰斯的使用方法是给这株枯萎的植物创造一个富有养分的花盆（良好的咨询关系），这样这株植物就可以慢慢恢复健康了。然而，萨提亚发现，如果这株植物回到原来的花盆（原生家庭或原有的人际关系网络）中，依然会因为原来花盆的土壤贫瘠而又变得枯萎，除非能让原来花盆中的土壤（整个家庭系统）变得养分充足，这样才能让这株植物彻底、长久地活得健康。

因此，如果能改变生命体赖以生活的土壤（重塑整个系统），就能彻底实现从枯萎走向茂盛（激活自我实现的潜能，产生由内及外的转化性改变）。

交互性成长过程

当然，来访者并不是一株植物，而是比植物更加高级的人类，这也导致了实际转化的过程要比之前所述的结构更加复杂。

人和植物的不同之处在于，人具有改变环境的能力。然而，大多数有心理问题的来访者其实并没有活出人的状态（即能够改变周边情况的推动者），而是像植物

[①] 一般翻译成格雷戈里·贝特森，此处尊重原书词语。

一样活着（即被周边的一切塑造着的被动者）。

为了帮助人们实现从植物（被动者）到人（主动者）的转变，萨提亚提出了自尊理论（这是本书第四部分的核心内容），以这一最根本的变化作为实现转化的稳固根基。

需要说明的是，萨提亚模式是一个立体的理论模型，很难用线性的结构去表达。如果想要看到它的全貌，就要将本书的内容前后联系起来。也就是说，本书很像是给你一个平面的乐高玩具，并告诉你该如何组装，你还需要把每一个组件（即每个部分中的各种萨提亚技术）拿出来，仔细揣摩并经过一番努力之后（即联系其相互关系和搭建起立体模型），才能拼成完整的乐高（即萨提亚模式）。在萨提亚的立体结构中，自尊理论位于核心位置，因为只有具备能够主动走向理想愿景的能力，才能真正开启转化（即彻底改变）的大门。

在详述自尊理论之前，我们先进行简单的介绍，以便于你理解自尊在整个过程中所起的作用。

刚才说到植物和人的区别，其核心差异在于：如果是一棵植物，那么它长得如何只能被生长的土壤决定；如果是一个人，那么他将能主动改变土壤。自尊水平能起到什么作用呢？**它决定了个体能否作为一个人，去承担责任和做出改变**，具体解释如下。

如果自尊水平低，个体就更像是一株植物，完全被环境决定。由于没有改变环境的能力，因此只要脱离心理治疗环境，没有可以依靠的良性土壤，就会再次枯萎。因为之前的改变是由某一个外力条件导致的，所以在将外力条件撤除后，就缺少了让改变永续存在的机制。

如果自尊水平高，那么个体更像是一个人，能够主动改变周围环境（如身边的物理环境、周围的人际关系、自己的身体环境和心理环境等），因此能够逐渐推动环境向着更适宜的方向发展。这造就的结果是，即使个体脱离了心理治疗环境，没有可以依靠的良性土壤，也可以去逐步创造所需的良性土壤，枯萎的问题就不会再度出现了。也就是说，这种改变是由个体与环境的互动创造的，通过个体与环境的交互作用形成了良性循环，即个体的努力使得土壤优化，土壤的优化提升了个体改善土壤的能力。

那么，心理咨询或自我疗愈工作在这个过程中的任务是什么呢？

萨提亚模式认为，心理咨询/自我疗愈的三个任务是：（1）通过"咨询关系"（临时的滋养性土壤）让个体恢复心理健康；（2）更重要的是，通过这种改善获得更高的自尊水平（提升主动影响土壤的责任感、意识和能力）；（3）最重要的是，帮助个体获得在复杂多变的生活中重建高自尊水平的能力（稳定地拥有作为主动创造适宜环境的发起者的能力，这也是本书第四部分的核心内容）。

可以看出，**心理咨询/自我疗愈的真正任务是开启交互性成长过程**，而不仅仅是改善土壤。

操作方法

重塑本质上就是以上述思想为指导，以雕塑（各种直观可感化的雕塑形态）为媒介，去获知生命体或系统所缺乏的养分，针对性地给予充分的滋养，促使问题得以改善、自尊得以提升，最终促使整个系统朝着更优的方向自然发展，并最终实现转化的过程。

狭义的"重塑"所指的对象是，单次咨询或是演示中的雕塑过程和重塑过程；广义的"重塑"所指的对象是，让整个系统发生结构性改变的过程。无论是狭义还是广义的"重塑"，**其核心都是在重塑的过程中给予所需的养分，从而促使重塑自然而然地发生**。

从这里可以发现，重塑并不是人为干预的过程，而是一个自然过程。咨询师或者自我疗愈者只是通过给予养分，重新开启重塑过程的那个人而已。

在以萨提亚模式进行咨询或课程演示的时候，重塑阶段的主要进程往往是由个体自己推动的，咨询师仅仅是在个体缺乏养分时去提点给予，其他时候则更多的是在陪伴和观察整个重塑过程。

因此，在进行重塑时，要基于个体自己的直觉去感受更好的方向（即个体觉得情况发生什么样的变化能让其更舒服），而不是基于思考和分析（即咨询师或者个体去分析情况应该怎么样才是更好的）去判断更好的方向，**只有个体的直觉才能反映出天然生命力赋予的自我实现所指向的方向。**

在心理咨询中的重塑和在自我疗愈中的重塑是有一些区别的，我们可以在探讨这些区别的过程中揭示它们各自的流程。

基于萨提亚模式的心理咨询分为两种：第一种是基于萨提亚模式的家庭/系统咨询（即让所有家庭成员都到场，对系统进行直接干预，这是萨提亚本人的方式）；第二种是基于萨提亚模式的个体咨询（即只有来访者自己在场，但咨询师运用萨提亚模式进行咨询）。由于基于萨提亚模式的个体咨询和自我疗愈过程基本是一致的，因此我们会将这两个部分放在一起探讨。

以下内容都是基于已经雕塑出了系统之间的动力（承接第15课的内容）而进行的探讨。

家庭/系统咨询模式

在家庭/系统咨询模式下，咨询师能够直接干预整个家庭系统，让家庭成员在舞台剧雕塑形态下共同尝试萨提亚模式中所提供的各种沟通、内心、家庭、自我改善的工具，让整个家庭开启对新的互动模式的探索。

这样的探索将使家庭动力系统本身得到直接的改变，让家庭中的每个成员都觉得更加舒服、自在。在这个过程中，咨询师也会致力于提升每个成员的自尊水平，并逐步培养成员们具备重建自尊的能力，以使每个成员都愿意主动地调整自己的内心和行为，从而能够携手创造对于每个人来说都更好的家庭环境，最终实现家庭/系统中的每个人都能拥有更健康的心理状态。

由于本书是依从自我疗愈的取向设计的，而且有许多咨询师没有客观条件（如许多成员难以到场等各种现实原因）去实施家庭/系统咨询，因此接下来将重点解析针对个体重塑的方法。

个体咨询/自我疗愈模式

基于萨提亚模式的个体咨询/自我疗愈本质是一样的，是通过让来访者/个体学会在自己的家庭系统／人际系统中尝试使用不同的方式，找到更有效的方式以推动整个系统发生重塑。

在这样的情况下，重塑分为两个步骤：针对雕塑的重塑（狭义的重塑）过程，以及针对实际关系的重塑（广义的重塑）过程。

第 1 步：针对雕塑的重塑

这一步需要做的就是在雕塑创造出的直观可感的情景中，实施以下的操作过程：

- 尝试运用直觉上感到需要的萨提亚技术；
- 从直觉上去联想增加这些养分会带来的改变；
- 对改变后的状况进行再次雕塑，以了解改变可能会带来的具体变化。

对雕塑的重塑，可以提升个体面对某些具体情景时在应对方式上的可选择性，换句话说，也可以针对一个雕塑做多次、多种重塑，以增加更多的可选择性。这与在开战前，借助沙盘去模拟和预演各种情景和应对可能以增加应对方式和策略的丰富性相似。

第 2 步：针对实际关系的重塑

现实生活真正发生改变，就是开始于对实际关系的重塑，即在实际面对生活情景时，能够去尝试不同的方式以收获不同的互动可能。

借助这些尝试，原本单一、僵化的互动模式被打破，多元化的互动方式不断出现并持续迭代，这其中蕴含着有价值的、彼此更舒适的互动模式，这样就达到了逐渐改善家庭关系（也就是使个体心理所建基的土壤得以改善）的目的，从而惠及个体自身的心理系统。

由于已经激活了家庭模式的迭代升级过程，因此家庭对心理的限制性影响变得越来越小，交互性成长过程就开始运作了。接着，就要提升个体的自我和自尊水平了，以促进交互性成长过程更加稳固、有效率。

交互性成长过程会推动个体持续地优化自己的心理系统，这不仅仅能帮助个体

消除既有的心理问题，还能帮助个体拥有更加强大的应对能力，从而拥有更加美好的人生。

今日功课

请按照下面的指导开始练习。在回答以下问题的过程中，尽量运用直觉来操作。

第 1 步：针对你在第 15 课中雕塑出的家庭状况，你觉得有哪些部分可以运用之前所学的技术进行尝试性调整？

第 2 步：对于每个可以调整的部分，你觉得可以如何调整（尽可能尝试三种以上的办法）？

第 3 步：根据直觉去思考，如果试着去调整每个部分，那么可能会产生什么样的结果？假如这些结果都实现了，你的家庭会变成什么样？

第 4 步：第 3 步给你带来了什么启发？针对现实生活中你的原生家庭/重要关系，你想要通过什么样的努力和尝试，促进这些关系中彼此互动方式的改善？对此，你制订了什么计划？

第 5 步：如果实施过程没有那么顺利，那么你准备如何调整？将可能会出现的挫折列入你刚刚制订的计划中，以能够更加灵活地实施，你将如何调整计划？

本课是萨提亚模式中最为核心的一课，因为本课整合了所有萨提亚模式的技术，也是萨提亚技术的灵魂。

在本书的第四部分，你将学到如何提升自我和自尊水平，这些心理因素是促进交互性成长过程的核心要素。

自我的深层蜕变

第四部分

第 17 课

扩展你的自我认同
用曼陀罗觉察八个维度的"我"

知识讲解

"我是谁?"

这是一个很重要的问题,从古至今都被人们不断地探讨着。不过,探讨这个问题的大多是一些哲学家,除了他们,其他人则很少认真地关注和思考这个问题。

即使这个问题没有被认真对待和思考过,个体心理的无意识部分也在不断形成关于"我是谁"的内隐认知(即内隐自我),这种关于"我是谁"的内隐认知又被心理学家称作"自我认同"。

关于内隐自我的研究是一个非常火热的心理学研究课题,在人们进行这些研究之前,萨提亚模式就已经通过体验性的方式,探索出了许多与内隐自我有关的重要发现,本书的第四部分就是关于这些成果和技术的介绍。

也许你会问:如果我从未考虑过"我是谁"的问题,那么关于我对自己的认识也在我的意识后台不断形成吗?

是的,这是一个每天都在发生的真实情况,我们可以通过以下例子来认识这个现象。

- A 近来总是好事连连,对身边的朋友说"我就说自己是福星吧"。这是一个内隐的自我认同——自己是一个能够招来好运的福星。

- B 一当众讲话就会磕磕巴巴，因此每当遇到这种场合时，B 都会拒绝并说"我真的不是那块料"。这是一个内隐的自我认同——自己并不是一个适合当众讲话的人。
- C 在上中学期间，常常会利用课余时间读一些历史著作。进入大学后，C 向同学们自我介绍时会说"我是一个通晓历史的人"。这是一个内隐的自我认同——自己是一个对历史有很深刻了解的人。

或许他们都从未仔细深入地思考过"我是谁"的问题，但是由于生命体验的积累，他们都形成了某种对于自己的认识，就是"我＝X"或"我≠Y"（X 和 Y 指某些关于自我的概念集群）。这就是"自我认同"这个词的本源意义，个体内隐地认为自己的自我等同于 X 或不等同于 Y。

从日常生活的维度来看，**自我认同就是个体对自己的看法，它是基于自己生命体验的某些部分而形成的**。千万不要轻视这些看法，它们对心理的影响非常深远。

我们可以把自我认同比作自画像，即个体给自己画的素描图像。每当个体下意识地去看内心中的这幅自画像时，都会受到强烈的影响。

与"自"相关的词汇（如表 17–1 所示）通常是一种关于自我的基调状态（即作为心理最核心层的状态，对于心理是一种基调般的作用）的描述，这些词汇描述了自我认同（即那幅自画像）对人产生的最核心的影响。

表 17–1　　　　与自我相关的词汇所代表的具体基调状态举例

词汇	所指代的基调状态
自卑	看着自画像中的自己，让个体感到自己不如一般状态下的大多数人好，但实际上并没有那么不好
自大	看着自画像中的自己，让个体感到自己比一般状态下的大多数人好，但实际上并没有那么好
自恋	过度喜欢自画像中的自己，导致个体对实际自我的准确认识出现了偏差，因而形成了常常夸大自己美好积极面的倾向
自我厌恶	过度不喜欢自画像中的自己，导致个体对实际自我的准确认识出现了偏差，因而形成了常常夸大自己消极面的倾向

续前表

词汇	所指代的基调状态
自爱	看到自画像中的自己,让个体觉得这个人值得被爱,因而想努力地珍惜自己的生命状态
自怜	看到自画像中的自己,让个体觉得这个人非常可怜,因而常常产生心疼自己的生命状态
自信	看到自画像中的自己,让个体面对当下的情景,产生相信自己能够让实际情况产生某种积极变化的状态
自尊	看到自画像中的自己,让个体面对现在的自己,产生尊重自己的意愿,从而产生自发行动的状态

对于一个个体而言,即便没有其他任何变化,仅仅是从自卑走向自信,也足以让他的表现发生天翻地覆的变化。

除了决定基调状态外,自我认同这幅自画像还决定了另一个重要的心理过程——预期。我们可以把预期看作一种自我预言,是个体关于自己未来情况最可能的发展轨迹的预先判断。

自我预言是如何形成的?它会对个体的生命轨迹产生什么样的影响?我们可以通过表 17-2 来了解。

表 17-2 　　　自我预言的形成以及对个体的生命轨迹的影响

生命经验	自画像	基调状态	自我预言	基本态度	生命轨迹
在诸多领域中经历了惨败	我做的事的结果都不好	自卑	我做什么都不行	既然不行,干脆放弃算了	常因为放弃努力而失败
在某领域取得了成功	我很聪明且很有能力	自大	我做什么都能行	冒险不算什么,不需要考虑风险	常因为冒险而走向灾难
某个方面被强烈认可	我很优异,超乎常人	自恋	所有人都该喜欢我	别人都应该围着我转	因以自我为中心而被别人讨厌
某个方面被强烈否定	我很差劲,低于常人	自我厌恶	所有人都不会喜欢我	别人都一定会远离我	主动远离别人,以防被弃

根据表 17–2，我们可以看到自我预言是基于自画像（自我认同）和基调状态而产生的。正是因为它决定了人们的基本态度，所以也决定了个体人生轨迹的发展。进一步来看，我们可以发现在整个过程中，自我认同建构（自画像）是后面所有过程的基础，但它不是凭空出现的，而是我们对生命经验进行素描后的图景。

以下几个问题值得我们思考：

- 这幅自画像真的能够代表你全部的生命经验吗？
- 自画像的风格是一幅漫画（扭曲），还是一张照片（写实）？
- 自画像的构图是画了整体中的一部分（主观片面）还是全部（客观全面）？

如果是客观全面的照片，它就成了一幅高精度地图，可以对个体的现实生活提供指引；相反，如果是主观片面的漫画，它就成了一幅错误地图，会对个体的生活有所妨碍，会让个体在现实生活中不断碰壁。

为什么会有这么多的自画像会成了错误地图呢？这是因为绘制方法出了问题——只纳入个体某些部分的生命经验，却没有将个体的全部生命经验整体性地纳入。运用这种方法绘制的自画像（自我认同），会过度窄化和扭曲实际存在的真实自我。这可能会导致人们做出许多错误的决策，比如，对于实际可以做到的事情过早放弃（自卑），或者是在实际上无法做到的事情上持续坚持（自大）。

不仅如此，更严重的是有一些人将错误地图当作事实真相，这就导致了这些错误的自画像成了其终身制的自我代言人。这会带来灾难性的后果，因为这会使得个体彻底失去了成长和改变的能力，永远活在那幅错误地图所限定的狭窄生活中。

这其实是一个挺普遍的现象，能够成为普遍的心理现象也一定有其原因。事实上，人类的文化中存在着很多会导致自我认同窄化或固化的观念，这些观念听起来很有煽动性和说服力，表 17–3 为一些举例。

就是这些观念促使了许多人持续用着错误的地图，并活在那幅错误的自画像中。那些观念听起来不容置疑，因此强化了人们对自己自画像的相信程度，甚至就算听到别人告诉他们自画像不准确，也会认为别人是在骗自己。

第四部分
自我的深层蜕变

表 17-3　　　　　人类文化中自我认同窄化和固化的观念举例

自我认同扭曲形态	观念	含义
窄化	三岁看到老	从出生下来，你有了既定的模具，你的人生发展都会被这个既定的模具限定形态
	龙生龙，凤生凤，老鼠的儿子打地洞	出生的"基因"（生理、环境、家族等）决定了你的未来样貌，你的生命就会一直活在这个样貌里
	癞蛤蟆想吃天鹅肉	别痴心妄想了，癞蛤蟆永远都只是癞蛤蟆；你永远都是你，不可能得到不属于你的东西
固化	我变了，我还是我吗	我只是那幅自画像中的样子，如果我不是那个样子就不是我了，因此我不能改变
	狗改不了吃屎	狗改不了自己的习性，你也改变不了你的习性。你是什么样，就会一直是那样
	江山易改，本性难移	虽然世界一直都在变，你的样子却是非常难以改变的

如果个体一直认同错误的自画像，那么这会给他的生活带来什么样的影响？个体对于生活中的每一个行动是否做出、如何做出都需要进行决策，在每一次决策的过程中，个体都需要衡量自己是否能够应对这个情景，然后才能为情景设定一个行动及行动方式，这个过程被称为"现实考量"，存在以下几种情况：

- 自大（过度）的自画像会导致个体本来没有这种应对能力却认为自己有，因此做出了冒险的行动决策（冒进主义），最终导致挫败；
- 自卑（不足）的自画像会导致个体本来有这种能力却认为自己没有，因此做出了退缩的行动决策（投降主义），最终导致后悔；
- 自信（准确）的自画像会导致能够正确地衡量自己与现实的关系，并基于这份认识做出适当的决策，最终能够实现有效果的行动。

个体每次的行动都受到这个过程的支配，因此个体的自我认同是否扭曲，决定了个体的每次决策能否取得更好的效果。中国古代的俗语"人贵有自知之明"就是形容那些拥有准确自画像（自我认同）的人，这让他们能够做出更加明智的决策和行动，因此"自知之明"是"贵有"的。

我们从前面的内容可以看出，拥有相对准确的自我认同对心理系统具有重要的作用。因此，萨提亚模式探索并开发出了一种扩展自我认同的工具——自我曼陀罗（又称"自我环"），其具体形式如图 17-1 所示。

之前，你对自己的自画像可能只是基于某些特定的生命经验，这是窄化和固化的自画像，而自我曼陀罗则让你有八个维度可以扩展（见表 17-4），这就彻底打破了狭窄、固着的自我认同，让你能够从更加广阔角度重新认识自己。自我曼陀罗是为扩展自我认同而设计的心理工具，它能让个体与更多的生命经验相联结。它可以帮助个体将更多生命经验转化为可以运用来构建自我认同的资源库，进而逐步编织出更好的自我认同。

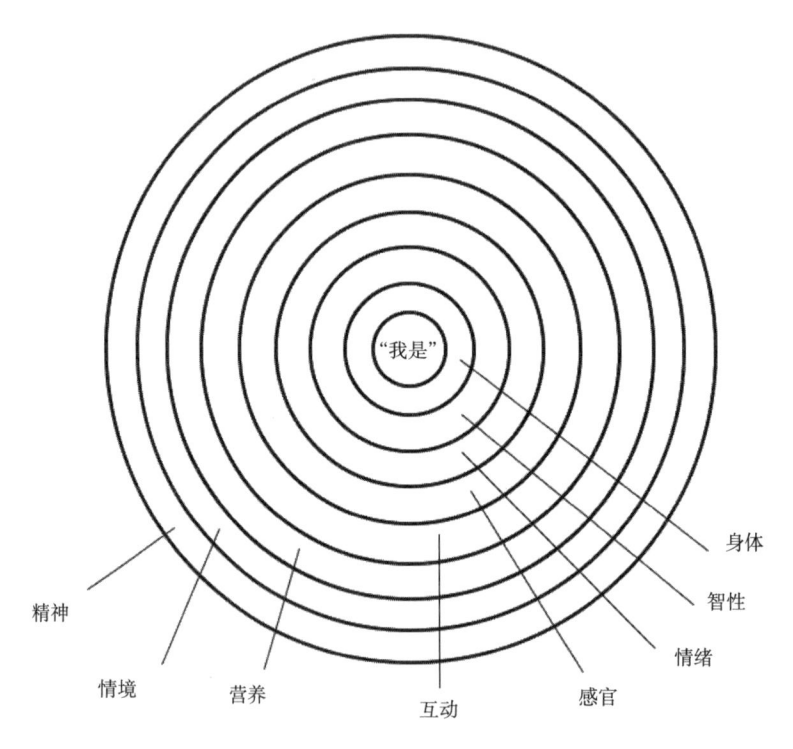

图 17-1 自我曼陀罗

第四部分
自我的深层蜕变

表 17–4　　　　　　　　　　自我曼陀罗的八个维度详述

维度	含义	自我认同的资源
身体	身体维度的"我",包括自己的身体,即我的全部物理部分	• 身体特征——我的声线迷人、我的身高不错 • 身体能力——我很会唱歌、我篮球打得很好 • 身体感知——我的平衡感很好、我睡眠特别棒 • 身体潜力——我很容易锻炼肌肉、我练武术很快
智性	思想维度的"我",包括自己的思想,即我的想法和观点	• 思想内容——我的想法很新颖、我的想法很丰富 • 思想形式——我想问题很迅速、我想问题很全面 • 思想深度——我的想法很能反映问题、我想的都是重要的 • 思想价值——很多人听我说的话都感到很有启发、我的诗歌有人喜欢
情绪	情感维度的"我",包括自己的情感,即我的感受和情绪	• 情感内容——我体验过人间冷暖、我的情感经验很丰富 • 情感驾驭——我擅长调整情绪、我能避免被情感影响 • 情感感知——我对别人的情绪很敏感、我能共情他人 • 情感表达——我能说出我的情感、我能找到恰当的词描述我的心情
感官	感官维度的"我",包括自己的感官,即我的五官信息和记忆	• 感官体验——我吃过美好的食物、我体验过舒服的按摩 • 感官敏锐——我能看到很多细节、我对声音的分辨力很强 • 感官能力——我的空间感很好、我的记忆力不错 • 感官创造——我知道如何做美食、我写的这个旋律很好听
互动	关系维度的"我",包括自己的关系,即我的关系和互动	• 重要关系——我家族中的成员都在支持我、我的爷爷教了我很多 • 维护能力——我有许多长久的朋友、我能和人维持关系 • 互动能力——我擅长交流、我比较幽默 • 互动品质——我特别真诚、我对人很热情
营养	资源维度的"我",包括自己的资源,即我的营养和滋养	• 身体养料——我吸收了许多营养、我每天喝水充足 • 心理养料——我父母教会了我沟通、我从书中学了正念技巧 • 精神养料——我传承了父母的奋斗精神、我有许多书籍滋养 • 情感养料——我的姐姐总鼓励我、有很多人让我感受到被爱
情境	环境维度的"我",包括自己的处境,即我的周边和环境	• 生活环境——我生活的地方山清水秀、我很会整理家务 • 文化环境——我受益于传统文化、我受到奋斗文化的熏陶 • 家族环境——我的家庭比较和谐、我家族中的成员都很上进 • 社会环境——我所处的社会很安定、我们城市的风气很好

续前表

维度	含义	自我认同的资源
精神	更大维度的"我",包括自己的更大层面,即我的价值和意义	• 人生使命——我为天下之崛起而读书、我为音乐复兴而奋斗 • 个人价值——我帮助了许多人、我提升了大众的心理健康 • 生命意义——我在的地方人们都会感到很开心、我让家人很温暖 • 愿景意义——我努力奔向更好的状态、我希望家人都变好

表17-4将自我认同切分为8个维度,又对每个维度列出了4个扩展自我认同的资源方向,也就是说,这张表共列举了32种较为常见的构建自我认同的经验来源。

需要强调的是,并不是说人生中只存在着32种自我认同的可能性,有无数种能够形成自我认同的经验来源。这32种只作为抛砖引玉,希望你能通过这些列举,为你如何扩展自我认同带来启发,进而把形成自我认同的根扎入更广阔的土壤——你更广阔的生命经验和可能,而不是局限于某种特定的经验和可能。

操作方法

第1步:写下对于"我是谁"的列举式回答

"我是谁",即"我是一个什么样的人"。回答这个问题,可以帮助个体呈现出对自画像(自我认同)的片段式描述,这些描述就像是将自画像拆成一片片的拼图碎块。虽然通过这些拼图还无法一下子看到完整的图像,但找到这些拼图碎块是看到完整图像的基础,有了它们就能为下一步做好准备。

第2步:将这些话语拼成一幅完整的自画像

接着,需要拼图,也就是将上述话语中的列举式回答(列举式的"我是谁")拼凑成一个完整的自画像故事(故事式的"我是谁"),举例见表17-5。

表 17-5　　　　　　　列举式的"我是谁"和故事式的"我是谁"举例

列举式的"我是谁"	故事式的"我是谁"
• 我是一个快乐的人 • 我喜欢逗人笑 • 我的共情能力很强 • 我很努力 • 我想要做喜剧	我是一个很快乐的人，我也喜欢逗人笑，因为我有很强的共情能力，看到别人开心我也会感到开心。我还很想把这个做成一项事业，因此我想要做喜剧，而且我也在为这件事而努力

第 3 步：探索和觉察这幅自画像产生的心理影响

过去，看这幅自画像的过程一直发生在无意识中，并会对个体内心的无意识过程产生强烈的影响。我们通过前两步将它呈现了出来，随后就可以去探索它对我们的无意识产生什么样的影响了。

请试着问问自己这个问题：看着故事式的"我是谁"，产生了什么感觉？这个问题的答案，很可能就是我们长期以来对自己的感受。

第 4 步：通过曼陀罗扩展自画像

运用表 17-4 中关于自我曼陀罗的表格中的 8 个维度和 32 个子维度去扩展这幅自画像，试着写下每一个维度下的自我认同。

回答这些问题时，请注意：这个问题是"我是谁"或"我是一个什么样的人"，而不是"我想成为谁"或者"我希望自己是什么样的"。也就是说，关于这个问题的回答，需要避免自己去设想或者认为，而要让这些答案是基于日常观察或者记忆而做出的。

随着这个过程的推进，列举式的"我是谁"就有了越来越多的条目，我们可以运用更加丰富的条目来编织故事式的"我是谁"，这就是在运用曼陀罗扩展自画像的过程。

随着自我"故事"被不断纳入了更多的生命经验，我们的自我认同也变得越来越丰盈和广阔，而不像之前那么狭窄。

第 5 步：扎根更广阔的生命经验和可能，构建整体取向的动态自我

扩展了自我认同并非这个练习的终点，曼陀罗的八个维度只是一座桥梁——帮助个体通向"看见"当下更丰富的生命经验的桥梁。

然而，如果仅仅聚焦于当下（及过往）的生命经验，那就依然存在局限性，因为忽略了个体生命的动态性和可能性，因此还需要看到未来的生命经验是无时无刻不在变化的，这种变化有着无限的可能性，这些也是构建自我认同可以扎根的更广阔的生命经验。

个体的自我认同扎根于多大范围的生命经验（是部分还是整体），决定了自我认同是狭窄的还是广阔的；个体的自我认同扎根于哪种形态的生命经验（是静态还是动态），决定了自我认同是固化的还是动态的。

因此，借由自我曼陀罗工具所通往的方向是帮助个体建立一个整体取向的动态自我，这样的自我认同是一个开放性的、助益性的自画像，而不像原来的窄化的、固化的自画像那样会限制我们的人生。

运用上面方法的持续练习，我们就可以扩展和丰盈自我认同，从而更好地走向自我的深层蜕变。

今日功课

请按照下面的指导开始练习。在回答以下问题的过程中，尽量运用直觉来操作。

第 1 步：写下所有关于"我是谁"的列举式回答。

第 2 步：将这些列举式的回答编织成一个关于自我的故事。

第 3 步：你在看了故事后，产生了什么感觉？这些感觉给你带来了什么样的影响？

第四部分
自我的深层蜕变

第 4 步：运用自我曼陀罗工具，还可以写出哪些关于"我是谁"的列举式回答？

第 5 步：将扩展后的答案编织成新的关于自我的故事，你在看了这个故事后，产生了什么感觉？这些感觉给你带来了什么样的影响？

第 6 步：如果将生命的动态性和可能性也纳入这个故事中，那么这个故事是什么样的？你在看了这个故事后，产生了什么感觉？这些感觉给你带来了什么样的影响？

经过以上练习，你应该能够更好地运用曼陀罗扩展自我认同。在第 18 课，我们将探索自尊对于个体内心系统的重要意义。

第18课

启动自我改善的涟漪效应
为何重建自尊那么重要

知识讲解

扩展自我认同能够改善我们对自己的看法，从而帮助我们减少因自我认识的主观性而导致的诸多问题。然而，这种扩展只是让我们对自我的认识变得更为全面、客观和开放，却没有彻底改变自我系统的整体运行机制。我们将在本课探索如何才能有效地调整自我运行的机制。

萨提亚在长期的治疗实践中发现，自尊水平是影响自我运行机制最重要的因素，它决定了个体在面对情境时选择应对方式的基本倾向。因此，**萨提亚模式在咨询中追求的核心目标是，提升个体的自尊水平，从而带来长足的、彻底的转化性改变。**

在讲解自尊之前，先来讲一个经典的心理学实验。

1969年，美国斯坦福大学心理学家菲利普·津巴多（Philip Zimbardo）做了一项实验。他找来两辆一模一样的汽车，把其中的一辆车停在加州帕洛阿尔托的中产阶级社区，并将另一辆车摘掉了车牌、打开顶棚后停在相对杂乱的纽约布朗克斯区。结果，后者当天就被偷走了，而前者则一个星期也无人理睬。后来，津巴多用锤子把前者的车窗敲了个大洞，结果，仅仅过了几个小时它就被偷走了。

基于这项实验，政治学家詹姆斯·威尔逊（James Wilson）和犯罪学家乔治·凯林（George Kelling）提出了"破窗效应"理论，意思是，如果有人打破了一幢建筑物的窗户，而这扇窗户又得不到及时维修，别人就可能受到某些示范性的纵容而去打破更多的窗户。久而久之，这些破窗户就给人带来一种无序感，这种公众麻木不仁的氛围会滋生犯罪。

这是一个非常著名的社会心理学实验，影响了诸如犯罪学、经济学、社会学等众多领域。它揭示了一个对人类至关重要的现象——尊重对行为倾向的影响：当人们觉得一个事物值得尊重时，会下意识地用积极的方式去对待它；当人们觉得一个事物不值得尊重时，就会下意识地用消极的方式去对待它。

自尊只不过是把这个效应的对象指向了自己，也就是说，当个体觉得自己值得尊重时，会下意识地用积极的方式对待自己，这就是高自尊状态；当个体觉得自己不值得尊重或者不够值得尊重时，就会下意识地用消极的方式对待自己，这就是低自尊状态。

我们从上述实验还可以看到，那辆停在中产阶级社区一周都没有被破坏的车，在车窗被敲了个大洞后，几个小时后就被偷走了。由此可见，当一个事物的美好状态被破坏后，人们就会觉得它不再值得尊重了。

然而，美好状态是很容易遭到破坏或损耗的。自尊就像是一棵树，可能会因暴风雨、虫害等因素而遭到破坏，从而失去原来的良好状态。如果能及时补救，就能让这棵树尽快恢复良好状态；相反，如果问题长期存在，这棵树就会枯萎甚至死去。

自我价值

要想让自尊这棵树持续处于良好状态，就要借助自我实现，也就是让个体发挥自己本来的价值。**只有通过自我实现的方式，生命体才能激活潜藏的天然生命力，吸收周围的一切资源，帮助自身持续处于一个良好的状态中。**

以一颗种子为例。如果种子不能发挥其价值，无法进入土壤，无法长成植物，就会腐败，最终从世界上消失；相反，如果它能充分发挥其价值，即能进入土壤生根发芽，成为一棵植物，持续迭代繁衍，就能一直保持其良好状态。

萨提亚经过探索发现，自我实现会持续带来自我价值感，我们将在本课及第

19 课展开讨论。如果个体缺失了自我价值感（即缺乏自我实现的心理体验），就会导致个体的心理难以维持良好运行，从而破坏了本然的美好状态，最终导致自尊受到损害。

因此，**创造自我价值是重建自尊的必要基础**，它为维持自尊这棵树的良好状态提供了核心动力。

自我接纳

除了保持核心动力外，我们还需要掌握应对破坏性因素的办法，才能够更好地维持这种良好状态。

在一棵树的生长过程中，常常会遭遇暴风雨、虫害等的破坏。对于自尊这棵树来说，其破坏因素就是一些会导致自我贬损或自我攻击的心理因素，也就是我们之前讲过的阴影。这些破坏因素的共同点是，它们所引发或携带的情感不被自我所接纳，因此长期被压抑和排除在意识之外。

弗洛伊德等研究者对这个现象进行了长期研究，得出了这样的结论：个体的自我能够运用防御机制将不能被自己接纳的情感长期压抑到潜意识中，这种压抑会带来暂时的心理平静，并会引发诸多的心理问题。关于阴影和自我接纳相关的部分，我们会在第 20 课中进行更加详细的探讨。

这些阴影除了会引发心理问题，还会严重影响个体的自尊。只有去除这些阴影的破坏性影响，个体才能更好地重建自尊。

因此，**实现自我接纳也是重建自尊的关键**。

自我和谐

我们在生活中常会出现以下这些情况：

- 想要买一个东西，却又觉得贵；
- 想吃好吃的，却又怕会胖；
- 想要谈恋爱，却又怕投入后受伤。

这些心理冲突可能并不会让人彻底崩溃，却会让人觉得无法获得平静和安定，

第四部分
自我的深层蜕变

也无法专注地面对生活。为什么会这样呢？因为受到心理冲突的侵袭，使人包括自尊在内的心理资源持续不断地遭遇损耗，从而无法达到更为良好的自尊状态，也降低了其应对现实生活的能力。

自我为什么会出现这种内耗状态呢？请回忆第 8 课讲的冰山系统。自我堪称一个司令部，产生决策。如果用一个集团公司来类比，那么董事会就是产生决策的司令部，其功能与个体心中的自我一致。

虽然董事会是一个决策组织，但如果决策组织的内部关系不和谐，就很容易发生意见分歧，从而导致无法及时做出有效的决策。如果分歧严重，甚至可能会因为争权夺势而引发内部斗争，造成行动和决策出现前后矛盾，影响整体效果。关于自我内耗与自我和谐的部分，我们将在第 21 课中进行更加详细的探讨。

自我系统内部关系的不和谐会产生系统内耗，这种系统内耗也会损耗个体的自尊。也就是说，只有使内部关系达到和谐状态，才能够更好地重建个体的自尊。因此，**创建自我和谐是重建自尊的重要途径**。

综上，重建自尊所需提升的三个关键因素总结如下。

- **自我价值**。以发挥自我价值为方向去探索自我实现之路，通过自我实现来激活和释放本然的生命力，从而持续地吸收周围资源，以使个体的自我一直保持良好的运行状态（见本课和第 19 课）。
- **自我接纳**。探索自己内心的阴影体验部分，在看到自己过去所排斥的自身心理运作机制的基础上，逐渐接纳和化解这些阴影，从而减少内心的破坏性因素，以帮助自我保持良好运行状态（见第 20 课）。
- **自我和谐**。通过自己的心理冲突体验去探索自我系统的内在斗争情况，从而帮助内在斗争走向和解，让自我系统重归和谐，齐心协力、相互配合地发挥各自的作用（见第 21 课）。

如果以上三个关键因素都能实现，个体就能够重建自尊了。

重建自尊，拥有积极的人生

诚如前文所言，高自尊能带来积极的行动倾向（即向着好结果去努力行动的倾

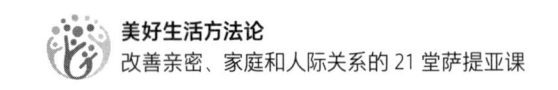

向），因为高自尊能让人感觉人生是值得变得更好的。

这种倾向在不少书籍中被称为"积极态度"。不少人以为只需要学习一些激励观念、读一些"心灵鸡汤"就可以产生这样的积极倾向，但事实并非如此——这其实是过度简化了产生积极态度所需的过程。只有重建自尊，才能帮助个体持续拥有积极态度，从而拥有以下优良的心理特质。

- 面对日常：动力满满、充满活力、精力充沛、积极思考、努力拼搏。
- 面对困境：不屈不挠、高逆商、拥有复原力、心理韧性强。
- 面对成长：持续成长、自我反思、精益改善等。

如果说自尊是一棵树，那么积极态度就是在树长势良好的情况下所产生的强而有力的潜能（即生长的势头），继而结出果实（即拥有优良的心理特质）。由此可见，高自尊是因，优良的心理特质是果。也就是说，如果不去努力重建自尊，却试图通过其他方式获取优良的心理特质，就是一种舍本逐末的做法。

萨提亚发现了自尊对于心理运作的核心作用，最终形成了这样的核心洞见：**重建自尊是内在转化（从内及外的彻底改变）的地基，心理咨询工作的重点应该放在重建自尊上**。对于每个具体情景的心理干预过程，既要解决具体问题，又要能够推进重建自尊这一核心目标的进程，以此实现彻底的转化。也就是说，**萨提亚模式将核心咨询目标定位于通过重建自尊的方式，帮助个体从固有的因低自尊形成的自动化模式中解脱出来，通过建立高自尊形成的积极态度，让个体拥有选择和创造更好应对方式的能力，以拥有更加美好的生活**。

由于本课是萨提亚模式的核心，因此为了能够保留萨提亚模式本身的表达，特将部分关于重建自尊的原文[1]摘录如下。

"萨提亚将大部分的工作重点放在以下两个方面：更新人们的体验，并将它们从童年习得的、受限制或是功能不良的应对模式当中解放出来。"

"那些能够展现出高自尊的治疗师，往往能够照亮来访者探寻有效应对方式的道路。"

---

[1] 摘录自《萨提亚家庭治疗模式》P23~28。

第四部分
自我的深层蜕变

"在如何反应、应对和存在的问题上，我们拥有多种选择。我们选择怎样的应对方式与我们自己的自尊水平息息相关。在低自尊水平下，我们会倾向于认为是某些'原因'决定了我们所能做出的反应。有时候，我们相信是某些事件让我们恼怒，但事实上，我们可选择的反应范围十分宽泛，从极端功能不良的反应，到能够带给我们理想行为和非常积极、富于成长性的精神状态的反应。诱因并不能决定我们的反应。我们不但可以掌控对自己、他人以及我们所处的情境所做出的解释，还可以掌控自己的感受，以及自己对于这些感受的感受。这种能力可以让我们发生重大的转变，不再做环境、他人，或是我们自己的牺牲品，而是被赋予了力量，为自身和情绪担负起完全的责任。我们可以利用自己的内部资源，将自己的生活方式从仅仅维系生存的水平，转变为更好地应对，并最终形成更加健康的机能。"

"为什么我们总也不能让自己过上本应该属于自己的生活呢？萨提亚认为，这是由于我们对熟悉的感觉太过偏爱，而在大部分的内部或外部世界里，又常常会依靠自动化的反应模式。在我们能够改变这种状况之前，需要首先意识到这些自动化的模式。"

"萨提亚由内而外审视着人们可能的选择：人们对于这个世界的早期经验激发了内部的生存法则，而他们现在仍然依据这些法则来行动。不幸的是，很多观察者常常只关注萨提亚极具特征的雕塑技术，或是对外部行动和改变的演示，而遗漏了萨提亚模式中的这个原理。"

表 18-1 也是出自同一本书，这张表能够帮助你更好地理解萨提亚模式中关于自尊的内容。

表 18-1　　　　　　　　　《萨提亚家庭治疗模式》中的自尊表格

低自尊	高自尊
我想要被爱	我正被自己和他人所爱
应对姿态：不一致的 我将做任何事情（讨好） 我要让你感到内疚（责备） 我要从现实中分离出来（超理智） 我要否定现实（打岔）	应对姿态：一致的 我会做最适合的事情 我尊重我们的差异性 你我都是整体当中的一部分 我接纳所处的环境

续前表

僵化的 评判性的	确认的 赋能的 自信的
消极反应 （即前文中的消极反应倾向、消极态度）	积极响应 （即前文中的积极反应倾向、积极态度）
由家庭规则和"应该"所驱使	能够意识到多种选择和责任
通过外部定义 防御 压抑感受 停留在熟悉的环境中	接纳自我和他人 信任 诚实 接纳我们的感受、完整性和人性 愿意为不熟悉的事物冒险
关注过去；希望维持现状	关注现在；愿意改变

这些摘录能够忠实地呈现萨提亚模式对于自尊的看法。**如果说萨提亚模式中的所有技术都是桥梁，那么重建自尊才是通过这些桥梁所要到达的目的地。**只有理解了这一点，才能真正理解萨提亚模式。

操作方法

第1步：探索自己习惯于自动化反应模式的程度

自动化反应模式是一系列固化的行为方式，这是探索自尊心理现象的入口。自动化反应模式的固化程度是一种行为特征，相对更容易观察；自尊水平是一种深层无意识现象，比较难以观察。

由于自尊水平决定了自动化反应模式的程度，因此可以将探索自动化反应模式作为切入点，以这些观察、领悟作为更深入地观察和探索的地基，就可以开始真正接近自尊心理现象了。

第 2 步：觉察自己的自尊水平、积极反应倾向和自动化反应程度之间的关系

自尊水平就是我们认为自己是否处于良好的状态，是否值得更好的可能性。

积极反应倾向就是愿意走出固有的行动方式，根据现实情况做出新的反应的倾向。

自动化反应程度就是过去所秉持的固有行动方式，是我们最为习惯的反应模式。

只有认识到这三者之间的关系，才能真正地认识到自尊心理现象及其作用。这个步骤的重要之处不在于你对本课内容的理解，而在于你真正切实地觉察这三者在你身上的具体关联过程，这样才能剥去这种现象的复杂外壳，看清自尊心理现象的真正样貌。

第 3 步：提升自尊水平以加强积极反应倾向

提升自我价值、自我接纳、自我和谐的程度（具体方法见第 19~21 课），以提升自尊水平，最终强化自己无意识心理中的积极反应倾向。

这种强化能否发生是有客观证据可以观察的，即你在面对生活情景时是僵化地固守某种反应（消极态度），还是灵活地尝试和探究更适合的反应（积极态度）。

第 4 步：拥有根据客观现实情况，采取灵活应对的心理能力

自尊水平提升的真正目的是为了能够实现客观和灵活，就像李小龙的哲学"像水一样"（be water）那般，像水一样随着客观现实的变化，可以不断地灵活地实时应对。

根据上述步骤进行持续练习，我们就可以通过重建自尊来拥有积极态度和灵活的应对能力，并最终走向转化性的自我深层蜕变了。

今日功课

请按照下面的指导开始练习。在回答以下问题的过程中，尽量运用直觉来操作。

第 1 步：在日常生活中，你依照旧有的行动方式的程度（不是行动内容是不是新的，而是行为所遵循的模式）如何？用 0~10 分（0 代表完全不遵循，10 代表完全遵循）评分。

第 2 步：当你觉得自己处于良好状态时，你更容易采取什么样的行动？当你觉得自己的良好状态被破坏时，你更容易采取什么样的行动？

第 3 步：你对自己是否处在良好状态的感知、你对待事物的态度（积极或消极）和你是否依照旧有的行动方式之间有什么关系？

第 4 步：你准备如何提升自己的自我价值、自我接纳和自我和谐程度？你有什么样的初步计划？

第 5 步：你认为跟随客观现实进行灵活调整是一种什么样的状态？这种状态能为你的生活带来什么变化？

经过以上练习，你应该能够更好地了解重建自尊的重要性。在第 19 课，我们将探索自我价值到底有什么价值。

第 **19** 课

认识你存在的意义
自我价值到底有什么价值

知识讲解

自我价值是重建自尊最核心的地基性要素，但似乎每个人都存在着一些自我价值感不足的问题。然而，大多数人都是凭借着一些不稳定的外在因素来建立自我价值感，这样就会使得人们的自我价值感时常随着外界的无常变迁而持续动荡。

那么，要如何才能知道自己的自我价值感是建立在哪种基础上的呢？可以按照"我是一个有价值的人，因为……"的句式尽量多写一些答案，举例如下：

- 我是一个有价值的人，因为我穿戴名牌；
- 我是一个有价值的人，因为我身材好；
- 我是一个有价值的人，因为我毕业于名校；
- 我是一个有价值的人，因为我有一份好工作；
- 我是一个有价值的人，因为我很富有；
- 我是一个有价值的人，因为我很能干。

如果说自我价值感是一栋大厦，那么这些答案就是构建这栋大厦的材料。要想让这栋大厦更加稳固，就要选取比较结实的材料；相反，要是选取的材料不太稳固，大厦就很可能会倒塌。

有些人看起来很脆弱，一受到打击就会情绪泛滥甚至濒临崩溃，这就说明他的自我价值大厦选取了不稳固材料。

那么，什么材料是不稳固的，什么材料又是稳固的呢？

极不稳固的材料：外界因素

很多人把自我价值感建立在外界因素上，比如，富有程度、身份地位、身体素质等。然而，外界因素都是极其不稳定的，富有的人也可能会破产，身居高位的人也会面临退休，身体素质再好的人也可能会突发疾病。

客观世界是无常、多变的，没有哪种外界因素能稳定地存在。因此，建立在外界因素上的自我价值感，也会随着这些因素的变迁而不断动荡。

举例来说，如果你的自我价值感建立在婚姻上，那么在婚姻状况良好时，你会觉得自己活得有价值；当你的婚姻出现严重问题时，你就可能会觉得自己没有活下去的价值了。接下来，有的人体会到了这种不稳定性就不再将婚姻状况作为自我价值感的基础，进而转向了其他外界因素（如金钱、事业等）。结果又会发现，这种外界因素能够在一段时间内给自己带来自我价值感，但过一段时间之后，又会发生与婚姻状况类似的情况，从而再一次觉得自己失去了价值。如果自我价值感的大厦频繁发生地震，就和将大厦建在地震多发带（外界因素）差不多。

这就是在面对同样的外界情况变化时，有些人会濒临崩溃，有些人能依然坚强地活着的原因——前者将其自我价值感建立在了不稳定的外界因素上。

不稳固的材料：多变的内在因素

与外界因素相比，内在因素的确少了一些不稳定性，但它们也不全是稳定的，举例如下：

- 我是一个有价值的人，因为我很聪明；
- 我是一个有价值的人，因为我能把事情做到很高标准；
- 我是一个有价值的人，因为我学什么都很快。

我们来逐一分析上述话语。

有许多"聪明人"无法接受办傻事，因为这会有损他们的自我价值感，让他们常常不敢尝试自己不擅长的事，或者在遇到预料之外的困难时轻易放弃，这些人常常被称作"高智商、低成就群体"。为了维持"聪明"这个自我概念，他们将自己的生活限定在特定的领域，并以此维持自己的自我价值感，也因此难以取得真正的成就。

"高标准秉持者"在自己熟悉的、擅长的领域，也许能够做到高标准，但是一旦进入一个陌生的、尚需探索的领域，坚持高标准几乎就成了一件不可能的事情，但是由于个体对高标准的坚持，容易导致个体拖延行动或是回避陌生领域。

之前"学什么都快"不代表在遇到新事物时也能学得很快。多元智能、既往经验等因素的不同，让人们在不同领域接收信息和学习知识的速度上存在差异。如果一个人将自我价值建立在"学什么都快"的基础上，一旦在学习某些知识的速度没有那么快时，就很容易感觉到受挫和沮丧，从而对自己产生怀疑。

这些内在因素都是不稳固的，它们都指向某些外在的固化状态/结果。因为即便是能力再强的人，也会有失手的时候。

如果个体把自我价值感建立在这些因素之上，就会产生以下两种结果：

- 在自我认可（或自恋）和自我怀疑（或自责）中交替，自我价值感、状态和整体情绪就像是坐过山车一样，不断地起起伏伏；
- 将生活限制在能够相对稳定地带来固化状态/结果的领域。

相对稳固的材料：较稳定的内在品质

先来看看以下叙述：

- 我是一个有价值的人，因为我对待自己和他人都很温暖；
- 我是一个有价值的人，因为我很有爱心，总会尽可能地让一切变好；
- 我是一个有价值的人，因为我很努力，会勤奋做事。

这些特征更加稳定，因为它们不指向固化的外在状态/结果，而是指向某些不与外在因素关联的内在品质。这就使这些内在品质避免或降低受到客观现实世界的无常性的侵害，在一定程度上保持相对稳定，也会使人相对较少地经历自我价值感的"地震"或"波动"。然而，当人经历重大生活波折时，这些内在品质也可能产生变化，影响自我价值感的稳定。

真正稳固的材料：把握客观现实的能力

先来思考一个问题：如果我们失去了所拥有的一切，那么还会有什么可以作为建立自我价值感的地基吗？

答案是，有。

如果我们把这个问题换一个问法，可能就不难理解了：一个人白手起家后身价上亿，突然发生意外变得贫穷了，也失去了许多过去曾拥有的内在品质（如温和、平静、耐心等）。你认为他是否完全失去了自我价值？

在一档电视节目中，模拟了这个情况：让一位富翁去一个陌生的地方，重新尝试白手起家，结果他在几个月之后就又变得富有了。在现实生活中，关于东山再起的例子也屡见不鲜，如史玉柱、罗永浩等。

为什么他们没有失去自我价值感，从此一蹶不振了呢？因为他们的自我价值感是建立在更加稳定的材料上——把握客观现实的能力。只要个体的身体和意识还稳定地存在着，那么基于这种材料而构建的自我价值感就会持续稳定地存在，因此它才是真正稳固的材料。

所谓"把握客观现实的能力"，其实是一种类似拼魔方的能力，即不论魔方被弄乱成什么样子，都能让魔方还原成最初的样子。当然，人与人之间把握客观现实的能力水平也是存在差异的，就像还原魔方的水平也是有所不同的一样，初级水平的人看着魔方揣摩着如何还原需要很久，高级水平的人则可以盲拧并在一分钟以内完成。当人们面对现实世界的无常时，很像那个被弄乱的魔方。幸运的是，正如面对弄乱的魔方有办法还原一样，把握现实客观的能力也有办法帮助个体应对客观现实。

事实上，人类的文明正是建立在把握客观现实的能力的基础上的，人类文明的发展阶梯就是在人类对客观现实探索发现的宝贵结晶之上搭建而成的。在这个过程中，人类把握客观现实的能力也在不断得到提升。不过，即便如此，也并不意味着每个人都拥有把握客观现实并能发现其中规律的能力，这样的人还是凤毛麟角般的存在，他们常常被称作伟人、军事家、科学家、艺术家、企业家、医学家等，他们都能有效地干预客观现实。

在此，需要强调的是，**对于提升把握客观现实的能力的探索途径，并不局限于一般意义上的科学**（通常被专指为实证主义科学方法论）。科学是探究客观实现的知识论取向，以前以实证主义科学哲学为核心，现在也发展出实践者哲学。

其实，这种把握客观现实的能力并不神秘，每个人从出生开始就一直在逐步提升这种能力。从说话、走路到写字、阅读，从使用火到运用计算机，这些都是某种把握客观现实的能力。当然，这些能力可能很基础，但那些更加强大的把握能力都是在这些基础能力之上构建而来的。

你可能会产生这样的疑问：这种把握客观现实的能力就是知识吗？

它无法被简化为知识，它其实是一种你已经掌握的对客观现实某个情景的操作能力，使用这种操作能力，你就能确保自己在这个情景下取得某种特定的效果。就像不论多乱的魔方，那些高手都能够还原一样。

因此，这种把握客观现实的能力是一种实践操作能力，而非对于一些内容的记忆力。"书呆子"这个词就代表着这样一类人：能记住很多知识，但缺乏把握客观现实能力。

如何提高把握客观现实的能力

正如哥伦布发现新大陆并非探讨和研究出来的，而是对客观现实进行探险和探索的成果。也就是说，如果不对客观现实进行实地探索，我们就无法发现客观现实真正的样貌。

许多心理学家也发现了这点，因此形成了许多非概念性的、实地探索的治疗方法。比如，完型疗法的"此时此地"就是要治疗师放下头脑中的概念，对来访者的内心进行实地考察。萨提亚模式也是如此。萨提亚模式并没有创造任何概念去进行解释，但所描述的都是经过实地考察发现的心理世界样貌的某些方面。

提高把握客观现实的能力只有这样一个途径：在客观现实进行实地探索，并逐渐在探索过程中摸索其存在的某些规律性。虽然众多科学哲学流派还在争论不休，但实际情况是，不论是实践者还是实证主义，它们都是人类探索与客观现实互动中实存规律的一种有效手段。因此，无论遵循哪种科学哲学对现实进行探究，它们都遵循"在与客观现实的互动中进行探索和发现"。

即便你不懂心理学和科学哲学也没关系，这个道理甚至存在于哪怕是做菜这样的日常小事中。要想提高你的厨艺（即提高你在做饭领域的把握现实的能力），就需要不断地尝试做菜，不断地学习、练习、尝试和反思。将这个道理推广到任何一个客观现实的领域中，都是行得通的。

总结一下，自我价值感建立在不同的地基上会拥有不同的稳定性，而且越稳固的自我价值感越能有效构建自尊。因此，**强化自我价值感的稳固性是强化个体心理的首要任务**。

操作方法

第 1 步：探索自我价值感的构建地基

请先用"我是一个有价值的人，因为……"的句式写下对自己的评价。然后，按照以下流程思考你写下的内容，探索你的自我价值感构建在哪种地基上。

- 这是外在因素，还是内在因素？如果是外在因素，那就是不稳固的材料；如果是内在因素，则进入下一步。
- 这个内在因素是否指向了某种固化的结果？如果是，就是不稳固的内在因素；如果不是，就是相对稳固的内在因素。
- 这些答案里有关于把握客观现实能力的内容？如果没有，就说明自我价值感的基础还不够稳固；如果有，就说明自我价值感的地基较为稳固。

第 2 步：为自我价值感增加稳固的地基材料

稳固的内在因素和把握客观现实的能力都可以作为建立良好自我价值感的地基材料。

在个人价值感提升的练习中,稳定的内在因素是比较容易创造的,只需要问自己这样一个问题:"我有哪些(不指向外界固化结果的)个人品质是有价值的?它的价值是什么?"

如果你希望掌握前人已经掌握的把握客观现实的能力,就需要大量的学习、练习和实践经验;如果你希望探索新的领域、掌握还很少有人掌握的能力,你就要勇敢地探险、尝试和客观性地反思和实验。

运用上述进行持续练习,我们就能为重建自尊建立良好的基础——稳定的自我价值感,从而拥有更加良好的自尊状态。

案例实录

背景信息

红莉 23 岁时结婚,婚后住在婆婆家并成了家庭主妇,一直照顾家庭,至今将近 20 年了。在当家庭主妇的头几年,红莉觉得自我价值感低落,于是去攻读了硕士。后来,孩子长大了,红莉也已毕业多年,但是她还是不想去工作赚钱。对此,她这样说:"我住在婆婆家太久了,太了解他们家的为人。就算我出去赚钱,钱还是会落入他们的口袋,对我一点好处也没有,所以我不想去工作。"

"不去工作"是红莉自己决定的,但每次和朋友们聚会时,她又表现出对现实的不满以及对工作的憧憬,还不断抱怨整个大环境对自己的不友善,并不断贬低自己的价值,觉得自己很没用。她经常抱怨丈夫,甚至说,如果人生能重来,她绝对不会和现在的丈夫结婚。有时,她还会说:"要是我能出去工作,绝对能事业有成!"

这些话她不知说过多少次了,所以她的朋友们听完劝劝她就罢了。大家都知道她的问题在哪儿,也清楚她的限制。可是,她总是这样抱怨个没完,使得她的朋友越来越少了。

红莉来求助时,丽娃老师和红莉进行了关于自我价值的探索,以下为咨询过程实录。

咨询过程

红莉：老师，你是不是也觉得我的人生一塌糊涂，一点儿价值也没有？

丽娃：你认为自己的人生"一点儿价值也没有"的想法存在多久了？

红莉：很久了。小时候，我家里穷，于是常常觉得很卑微。结婚后，虽然我现在是硕士了，但是在婆婆家好像还是没什么地位。

丽娃：很多人都会被"自我价值感"这个议题困扰着。我们来一起去探索，并找找在日常生活中有哪些方法可以提升你的自我价值感。首先，请你用"我是一个有价值的人，因为……"的句式来描述自己，答案越多越好。

红莉：

我是一个有价值的人，因为我现在是硕士。

我是一个有价值的人，因为我的身材保持得很好。

我是一个有价值的人，因为我不用为金钱烦恼。

我是一个有价值的人，因为我有两个健康的儿子。

我是一个有价值的人，因为我的父母以我的婚姻为荣。

我是一个有价值的人，因为我很聪明。

我是一个有价值的人，因为我可以用英文与外国人交流。

我是一个有价值的人，因为我愿意帮助别人。

我是一个有价值的人，因为我……

老师，你说越多越好，我想不出来了。很奇怪，明明说了这么多的"我是一个有价值的人"，但是好像没有太多喜悦，对自己还是不满意，这是为什么呢？

丽娃：这是因为平常我们很少用这样的方式探索，你已经找到了这些，很好。接下来，我们进入第二步，去探索这些描述分别属于什么类型。通常来说，描述可分为四种类型。第一种是不稳固的外界因素，就是把自我价值感建立在外界因素上，如富有程度、身份地位、身体素质等，这些外界因素都是极其不稳定的。第二种是不稳固的内在因素，如聪明、身体好、学东西很快。之所以说这些描述是不稳固的，是因为它们无法一成不变。第三种是稳固的内在因素，是指向某些不与外在因素关联的内在品质，如有爱心、能善待自己。第四种是把握客观现实的能力，即能确保自己在任何情境下取得某种特定的效果。

第四部分
自我的深层蜕变

红莉：

我是一个有价值的人，因为我现在是硕士。（不稳固的外界因素）

我是一个有价值的人，因为我的身材保持得很好。（不稳固的内在因素）

我是一个有价值的人，因为我不用为金钱烦恼。（不稳固的外界因素）

我是一个有价值的人，因为我有两个健康的儿子。（不稳固的外界因素）

我是一个有价值的人，因为我的父母以我的婚姻为荣。（不稳固的外界因素）

我是一个有价值的人，因为我很聪明。（不稳固的内在因素）

我是一个有价值的人，因为我可以用英文与外国人交流。（把握客观现实的能力）

我是一个有价值的人，因为我愿意帮助别人。（稳固的内在因素）

丽娃：这样分类后，你会发现你的自我价值感大多建立在不稳固的外在因素之上。接下来，进入第三步，你发现这个现象影响了你的自我价值感的稳定性吗？

红莉：是的，这些外界因素看起来很具体，但是又很虚，"很虚"的意思是，读了硕士又怎样，我婆婆就经常说"硕士能当饭吃吗"。我的父母以我的婚姻为荣，那是他们在跟亲戚炫耀的时候，说我嫁了一个好婆家如何如何好。事实上，我并没有在婚姻生活里感受到美好。老师，说到这里，让我感觉很挫败。

丽娃：你刚提到的这几个点的确是不稳固的因素。在第四步中，请你来谈谈你在帮助他人的时候，是一种什么样的状态？是一种什么样的心情？

红莉：帮助人的时候，我也不管这个人是我认识的还是我不认识的，就是想去帮忙。嗯，我是主动的、自愿的，而且我的这种愿意去帮助人的状态，从小到大都有。老师，很奇妙的是，在我讲到帮助人时，我的体内好像产生了一股暖流，这种感觉我以前都没感受过。

丽娃：这股暖流让你感觉如何？

红莉：很舒服，而且让我觉得帮助人这件事很有价值。

丽娃：是帮助人这件事有价值，还是你很有价值？

红莉：都有！

丽娃：很好！在第五步，我们再来聊聊当你用英文跟外国人交流时的一些让你印象深刻的事情。

红莉：有一次搭高铁，车上好多外国人，一看他们就知道是来旅游的。隔着过道，我跟一位女士聊了起来，一聊才发现她不是美国人，也不知道是哪个国家的。她说的英文很难听得懂，但我观察她的表情还有手势，大概可以猜得出她的意思，就跟她聊起来，也不知道她有没有听懂我所说的。哈哈哈。

丽娃：当你在回忆这一段的时候，我听到你爽朗的笑声，你欣赏自己在这段经验里的什么？

红莉：我欣赏我的机灵，听不懂她说的英文就去观察、去猜。跟外国人交流很好玩！

丽娃：在这种情况下要跟她交流的确会有些限制，同时，你有一种把握客观现实的能力，这种能力让你觉得有成就感吗？

红莉：是的！是的！

丽娃：谈到这里，你感觉如何？

红莉：很奇怪，现在感觉挺好的！讲到帮助人，讲到在高铁上跟外国人交流，整个人都精神起来了！

丽娃：是的！我相信你已经了解了，要想提升自我价值感，你需要在日常生活中发掘更多你自己的稳定的内在质量和把握客观现实的能力。我相信，继续发掘，你还会发现很多你之前没发现的。

红莉：好的！谢谢老师！

今日功课

请按照下面的指导开始练习。在回答以下问题的过程中，尽量运用直觉来操作。

第1步：用"我是一个有价值的人，因为……"的句式来描述自己，答案越多越好。

第2步：这些答案都是你构建自我价值的地基，思考每一句描述分别属于什么类型（不稳固的外界因素／不稳固的内在因素／稳固的内在因素／把握客观现实的能力）。

第四部分
自我的深层蜕变

第 3 步：每种类型的描述各占多大比例？这如何影响了你的自我价值感的稳定性？又如何影响了你的自尊？

第 4 步：我有哪些（不指向外界固化结果的）个人品质是有价值的？它的价值是什么？

第 5 步：我有哪些把握客观现实的能力？我可以如何提高这些能力？这会为我带来什么帮助？

经过以上练习，你应该能够更好地掌握自我价值的意义和提升自我价值感稳固性的方法。在第 20 课，我们将去探索如何通过提高自我接纳程度来照亮自我的阴影。

第20课

照亮自我的阴影
提高自我接纳程度的方法

知识讲解

大多数人都有一些难以自我接纳的地方，即便是特别优秀的人，也时常会感到自己有诸多不足。

当人们想到这些不足的时候就会感到不舒服，因此常常会回避去想、去面对这些不足。这些被个体排斥、无法接纳的自我范围就是阴影，荣格对它的定义是"它是个体不愿意成为的那种东西"，并这样解释阴影：

每个人都有阴影，而且它在个体的意识生活中具体表达得越少，它就越黑暗、越密集。如果一种低劣的东西能被意识到，个体就总是有机会去改正它。而且，阴影总是与（意识）不同的兴趣[①]相联系，所以它经常要遭受矫正。然而，如果它被压抑并与意识隔离开来，它就永远不会被修正，从而倾向于在潜意识的某一时刻突然地爆发出来。从各方面来看，它形成了一个潜意识的障碍，阻碍了我们最没有恶意的意图。

萨提亚发展出了消除阴影的操作方法，并把这个方法称为自我接纳。事实上，萨提亚模式并没有指明自我接纳所指向的对象是什么，也没有提及"阴影"这

[①] "兴趣"指的是意识的倾向性。

个词。在这里引入这个词,是为了帮助大家更好地理解自我接纳所指向的实际对象——自我尚未接纳/强烈排斥的生命经验。

阴影对个体的影响

阴影会给我们带来什么影响?请看表 20-1 中的举例。

表 20-1　　　　　　　阴影举例及其对心理和行为模式的影响

自我阴影	心理影响	行为模式影响
A 认为自己长得不好看	不愿意去新的场合,怕别人看到自己的长相	尽量宅在家里,见到别人的时候也尽量回避
B 认为自己不够优秀	感觉自己难以做好一些有挑战的事情	不敢去尝试新事物,不敢挑战自己
C 认为自己不够强大	感觉自己无法独立完成许多事情	总是依附身边人,为了不被抛弃会无底线地妥协

个体行为模式僵化的程度决定了它造成的问题的严重程度——不良行为倾向、人格缺陷或者人格障碍。

由于存在自我阴影,我们的人生发展路径中的一部分就可能变成了竖起玻璃墙的禁区。虽然我们在现实生活中常常无法清楚地看到它,可一旦想走出禁区之外的区域,我们就会意识到它的存在并因此而受阻,所以我们只能原地踏步、打道回府或是绕道而行了。

如果内心中的阴影越来越多,生活形态、人生路径和行为模式就会随之变得越发狭窄和固化,最终导致人生渐渐失去了可能性和发展潜力。

如果说人生是一条"过去‑现在‑未来"的时间旅程,那么"过去‑现在"已经形成了一条固定的人生发展路径,"现在‑未来"的人生发展路径则应拥有无限的可能性。然而,阴影却能在未经允许的情况下,在个体的主观世界中划去一条又一条可能的路径,使得被划去的那些发展路径在客观世界中无法实现。

换言之,如果阴影非常多,就会使"过去‑现在‑未来"变成一条直线。也就是说,使未来丧失了其无限可能性,仅仅是成了"过去‑现在"的延长线,也使个体无法走向自己渴望的愿景中。遗憾的是，这种情况是许多人的人生写照。

发现阴影

"阴影"并不是一个虚无缥缈的心理概念，而是一个拥有客观指标的心理机制，我们可以从语言表达中探索到自己内心阴影的样子。

指向阴影的语言表达形式是："我不 X（喜欢 / 接纳 / 是 / 想成为……）自己的 Y（身材 / 长相 / 性格……）"，它能帮助个体发现自己身上存在的阴影。阴影表达的举例及其对心理和行为模式的影响如表 20-2 所示。

表 20-2　　阴影表达举例及其对心理和行为模式的影响

阴影表达举例	心理影响	行为模式影响
我不喜欢自己的口音	说话时刻意去调整自己的口音	说话变得不自然，失去了沟通的松弛性
我不接纳自己出现失败	回避预感可能会失败的场景	失去了去冒险或突破自己的勇气
我不能接受不完美的自己	每件事都必须做到完美	失去了尝试新可能性的探索能力
我不想成为一个轻易放弃的人	每件事都必须坚持到底	失去了止损和明智地做出重新选择的能力
我不能软弱	不能让自己和别人感觉到自己软弱	失去了接触自己深层感受的能力

可见，**每种阴影造成的心理影响都会导致个体失去某种品质或者能力。**

所有这些我们对自己认识的、期望的、接纳的种种所形成的样子里出现的"不"，都指向了自我的阴影。当然，阴影并不是这句话，而是这句话所指向的心理机制，我们需要在生活中觉察这些心理机制具体运作的实际状况。

阴影形成的机制

在发现了阴影后，了解阴影形成的机制有助于我们消除阴影。

之所以会形成阴影，是因为我们内心中有以下两种自我，在将它们进行对比时就产生了阴影。

第四部分
自我的深层蜕变

- 实际自我：在客观现实情景中，通过个体对于自己的实际状况的认识而形成的自我样貌。
- 理想自我：在个体主观世界里，通过想象形成的自认为最为理想的自我样貌。

阴影就是实际自我与理想自我的偏差部分，这部分是个体不能够接受的自我样貌（见图 20-1）。

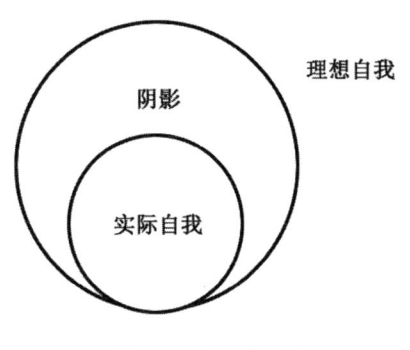

图 20-1 阴影图式

在图 20-1 中，外面大圈表示理想自我，里面小圈表示实际自我，上方月牙形的相差部分就是阴影。即，**阴影＝理想自我－实际自我**。根据这样的关系，可以得出以下结论：

- 如果理想自我在客观可实现的边界内，那么实际自我越大阴影就越小，最终是有可能彻底消除的；
- 如果理想自我超出了客观可实现的边界，那么不论实际自我变得多大，阴影都不可能彻底消除；
- 不论理想自我是否超出了客观可实现的边界，只要理想自我与实际自我之间存在差距，就依然存在阴影。

对于大部分人来说，阴影持续存在的原因是，理想自我总是远远超过实际自我。这会带来这样的结果：尽管个体通过努力使实际自我提升了一点，但理想自我会提升更多，阴影也在不断扩大。这样一来，就会让个体的局限越来越多，实际自我的提升变得越来越难、越来越慢。于是，阴影便宛如恶性肿瘤，不停歇地持续生长，让个体出现越来越多、越来越严重的心理问题。

你有没有发现？**理想自我才是制造阴影的元凶！**

阴影、理想自我的主观性与自我接纳

实际自我是客观世界中的真实自我，而理想自我则是由主观渴望塑造而成的主观世界中的幻想自我。由此可见，**阴影就是主观幻想世界对客观真实世界的强烈干扰**。

自我接纳作为消除阴影的手段，其方式就是将理想自我缩小到实际自我的一致或协调的范围，这样就避免了主观幻想对客观真实的不断干扰。

如何能让理想自我缩小到与实际自我协调或一致的范围呢？

协调和一致是两种不同的状态，代表了两种不同程度的自我接纳，一致的自我接纳程度比协调要高一些。在实际生活中，良好的自我接纳代表着这两种状态的交替出现。

协调状态下的自我接纳

先来回顾上述三个结论中的前两个。

- 如果理想自我在客观可实现的边界内，那么实际自我越大阴影就越小，最终是有可能彻底消除的。这种状态下的理想自我与实际自我是相协调的。
- 如果理想自我超出了客观可实现的边界，那么不论实际自我变得多大，阴影都不可能彻底消除。这种状态下的理想自我与实际自我是不协调的。

协调与否的关键在于，客观可实现。判断是在客观可实现的边界内还是超出了边界，需要看个体心中设定的理想自我是否超出了个体应对所处情境的能力水平。如果超出了，就是超出了边界，其理想自我与实际自我就是不协调的。

举个例子。

A 这次考试成绩比上次考试成绩提高了 2 分，如果他希望下次考试提高 30 分，就会存在不协调，阴影就出现了，会导致其体验到焦虑。

在 A 的能力因素没有太大变化的情况下，如果他希望下次考试提高 2 分左右，

这就是协调的,他会在相对舒适的状态中努力;

在 A 的能力因素有所提高的情况下,如果 A 希望下次考试成绩提高超过 2 分,那么也会是协调的,这时他就会处于更加舒适的状态。

因此,**让个体处于协调状态的关键在于,让理想自我在客观可实现的边界内**。这就要求个体通过观察过去自己在这个情境中的实际情况,准确评估自己应对所处情境的客观能力水平,减小理想自我与实际自我的差距,从而减少阴影的范围和影响。

一致状态下的自我接纳

先来回顾上述三个结论中的第三个:不论理想自我是否超出了客观可实现的边界,只要理想自我与实际自我之间存在差距,就依然存在阴影。

一致状态是一种更大程度的自我接纳状态,简言之,就是理想自我与实际自我的范围几乎达到了完全一致的状态,其带来的结果是基本上彻底地消除了阴影的存在和影响。

要想实现这种状态,就要深刻地洞察每一个当下的自我,即客观世界中能够真正实现的理想自我。

对于每一个当下时刻来说,身体因素、心理因素和能力水平都是特定的,我们的实际表现就是基于当下身体因素、心理因素和能力水平等所有客观情况所得出的最优结果。

以考试为例。不论你这次考试成绩如何,这都是你当下的能力水平能够考出的最好成绩。你可能会说,你是因为粗心大意才考成这样的,其实你能考得更好。事实上,粗心大意也是你当下心理的一个特定因素,在不改变任何因素的情况下,当下的成绩就是你的最佳表现。

从自我实现的角度来看,对于任何一个生命体,只要有足够的养分、没有生病,就很可能长成他的最佳状态,天然的生命活力都会允许个体对于彻底自我实现有所支持。对于人类来说更是如此,人类的天然生命力也不会允许其在做事时有所保留,它已经在每一次的现实情况中实现了人类当下所有能够达到的最好程度。

那么，如果没有理想自我，该如何让自己有所提升呢？

只有让客观层面的身体因素、心理因素和能力水平发生变化，才能够长出更好的自我样貌。对于这个过程来说，主观幻想出的理想自我不仅仅是毫无益处的，还会导致个体在对比中深感沮丧、不断自责。

当然，这里也并不是说不能有理想自我的存在，而是说如果这个理想自我是对当下情境的幻想，就会起到制造阴影的作用。如果这个理想自我和当下完全没有关系，只是未来某个时刻希望达成的某种身体因素、心理因素和能力水平的变化，它就会成为有益于生活的方向指引。

总之，每一个当下的时刻，我们都已经做到了最好的自己，因此去接纳每一个当下时刻的实际自我。在未来的时刻，我们有可能、也有能力成为更好的理想自我，我们通过努力会在未来获得更好的实际自我。

让理想自我回到它该在的地方，成为在未来指引当下方向的明灯，而不是成为每一个当下时刻的干扰。让理想自我成为通向未来的美好指引，而不是对自己的强制要求。**拥抱真实的自己，因为每一个当下的我们就是自己在那时最好的样子，接纳它、爱它、滋养它，它就会生长得越来越好。**

操作方法

第1步：探索自我阴影

运用"我不X（喜欢/接纳/是/想成为……）自己的Y（身材/长相/性格……）"的句式，尽可能多地写下你的答案，以探索自我阴影。当然，阴影并非这句话本身，而是这句话指向的心理机制。

可能有不止一句话指向了同一个阴影，指向同一个阴影的话语越多，就意味着这个阴影的影响力越大，因此越需要你引起重视并做出改善。

第2步：觉察自我阴影的影响

觉察自我阴影的影响，就是去探索这些阴影减少了哪些行动的可能性：什么样的行为是你无法做出的/不想做出的？什么样的情境是你想要避免的？

借此，可以觉察自我阴影给你的人生发展轨迹带来的具体影响。

第3步：让理想自我与实际自我相协调

在做每件事情之前，可以先思考你下意识幻想出的理想自我是什么样的，这个理想自我是否符合你在这个情境下的客观能力水平？如果不符合，就需要把这个"理想自我"调整到符合的程度。

如果对于自己每种情境下的客观能力水平还不够了解，就需要去观察自己所处的情境下的实际能力和效果，这会有助于你设定协调的理想自我。

第4步：接纳实际自我，让理想自我指引自己更好地成长

第3步和第4步并非线性关系，更像是一种自我接纳能力提升后的升级状态，是在能够做到协调后的更高追求。

在每一种情境中，都要将全部注意力放在实际过程上，接纳实际自我。让理想自我的内容完全不涉及当下的情境，而是置入自己渴望未来素质和能力提升后的样子，指引自己更好地成长。

运用上述方法持续练习，我们就能更好地接纳自我，逐渐消除阴影的存在及其影响，扩大自己生命轨迹的可能性，活出更加精彩的人生。

今日功课

请按照下面的指导开始练习。在回答以下问题的过程中，尽量运用直觉来操作。

第1步：运用"我不X（喜欢/接纳/是/想成为……）自己的Y（身材/长相/性格……）"的句式，尽可能多地写下你的答案。

第2步：这些阴影减少了哪些行动的可能性？它是如何减少的？

第3步：找到一个你觉得自己不能接受的自我表现。当时发生了什么？你为什

么不能接受自己？不能接受自己带来了什么影响？

第4步：在这个情境中，你的客观能力水平是如何的？你脑海中的理想自我是否超出了这种客观能力水平（考虑到当时的身体因素、心理因素和能力因素的情况下）的边界？更协调的理想自我是什么样的？

第5步：你是如何理解"每一个当下的实际自我都已经是最佳表现"这句话的？

第6步：在你看来，"不涉及当下的情境，而是置入自己渴望未来素质和能力提升后的样子，指引自己更好地成长"的理想自我是什么样的？这样的理想自我会对你起到什么帮助？

经过以上练习，你应该能够更好地掌握阴影的影响以及通过接纳实际自我来减少阴影的方法。在最后一节课，我们将探索萨提亚模式中减少心理冲突的操作方法和技巧。

第21课

减少心理冲突的内耗
举办个性部分舞会，共创和谐

知识讲解

　　每个人都有许多心理冲突，它是人们内心舞台剧的经典剧目，也是人们日常生活烦恼的核心部分。心理冲突虽不像阴影的"毒性"那么剧烈，却像苍蝇一样总是打灭又生、无法尽除。

　　作为萨提亚模式中三大核心技术之一的个性部分舞会（又称"面貌万花筒"），就是专门针对处理心理冲突发展而来的。

　　通常情况下，萨提亚课程中的个性部分舞会是由多人协作配合完成的。为了便于你通过阅读书籍的方式进行个人提升练习，本书将提炼出这个技术的核心部分，将其转变为个人可以独立操作的版本。

　　在介绍个性部分舞会之前，先来看看自我的各个部分是如何形成的，这有助于我们深入理解心理冲突的形成过程。

　　设想一下，假如爸爸对孩子说"要遵守规则，遵守规则就会得到表扬"，而妈妈对孩子说"规则是一种束缚，如果听从规则就得受到批评"，那么孩子会体验到什么呢？

　　答案很明显，孩子得到双重信息并体验到心理冲突——这个"到底该不该遵守规则"的问题会持续萦绕在孩子心中。在以后的日子里，只要这个孩子再遇到与规则有关的情景，就会再次激起并强化这个心理冲突。究其根本原因，就是"到底该不该遵守规则"这个问题自小就一直没被关注，也没有得到有效解决。

我们把与"到底该不该遵守规则"类似的选择难题称为"心理冲突"。我们一生所面临的任何选择其实都会涉及心理冲突，但是由于这些冲突都是发生在我们的无意识生活中的，因此我们很少能够觉察到它们的存在，但能体验到心理冲突给我们带来的感受，即烦恼、纠结等。

在无觉察的状态下，这些未解决的价值冲突问题会不断地积累，导致个体产生越来越多的心理冲突，对内部斗争的体验越来越频繁、强烈。这是一种严重的内耗状态，使个体减少了可以支配的心理资源，从而导致其对生活情境的适应能力逐渐发生滑坡。

在内心体验层面，心理冲突很像是内心的不同部分相互争吵的状态。为了能够帮助个体更好地看见自己内心分化为部分的样貌及发生争吵的过程，萨提亚模式发展出了个性部分舞会这个非常实用的心理干预技术。

萨提亚认为，我们的人格是由很多部分组成的，这些部分在与其他部分相遇时会有不同的样貌，在个性部分舞会中可以将这些不同的样貌呈现出来，心理冲突也会通过伙伴的演出而具体显现出来，从而让个体在观看整场个性部分舞会时能清晰地看到冲突的样貌。

在萨提亚课程中，个性部分舞会的操作是一个大工程，需要将个体内心分化的状态在外部世界进行模拟性的呈现，还需要许多人来配合出演个体内心的不同部分，通过互动模拟个体内心不断上演的争吵。最终，通过代表各个部分的演员之间化解冲突的沟通，从而实现减少和消除个体心理冲突的目的。

虽然这个技术流程看起来并不复杂，其中却蕴含着深刻的原理，了解这些原理将有助于我们更好地掌握如何使用这种技术。我们先从价值冲突是如何形成的说起。

价值冲突的形成

有一个著名的伦理学思想实验可以帮助我们揭示这个现象的内涵，即电车难题

(trolley problem），它体现了极为强烈的价值冲突形态及其带来的心理影响。

一个疯子把五个无辜的人绑在电车轨道上，一辆失控的电车朝他们驶来，片刻后将要碾压到他们。幸运的是，你可以拉一个拉杆，让电车开到另一条轨道上。不幸的是，那个疯子在另一条电车轨道上也绑了一个人。考虑以上状况，你是否应该拉拉杆？

这个实验涉及道德价值（为了五个人的生命夺取一个人的生命是不对的）和效益价值（能够让五个人继续活着比让一个人活着有更高的效益）的冲突，这两种价值都是人们普遍所认同的。然而，在这个情境中出现了难以调和的冲撞，因此，我们又会体验到强烈的心理冲突，并感到无法做出选择或者只能非常痛苦地进行选择。

这种状态被称为"两难冲突"，在生活中每一个需要抉择的选择中其实都蕴含着某种程度的两难冲突。生活本身就是充满了一个又一个的选择，所以才会使个体时常产生心理冲突。

虽然心理冲突的起因是价值冲突，但并不是有价值冲突就一定存在心理冲突，导致这种差异的原因会是什么呢？

当唯一正确性遇见价值冲突

常常有已婚者这样劝新婚者："家不是讲理的地方。"这是一句听起来不容易理解但非常有智慧的箴言。

为什么家不是讲理的地方呢？很多已婚者可能会发现，只要在婚姻生活中实践这句箴言就能避免不断的争吵，让家庭维持和谐状态，让彼此都能更舒服地生活下去。

这句话产生效果的机制在于，价值冲突在长期相处的个体中是一定会存在的，如果讲理就会让价值冲突变成争吵，而要是放下讲理就能避免争吵的发生。

为什么讲理会让价值冲突变成争吵？因为讲理是一种坚持唯一正确性的行为，当两种价值发生碰撞时，坚持唯一正确性就将某种价值变成了唯我独尊的状态。如果双方都坚持着唯一正确性，就会导致这两种价值需要展开一场决斗来一决高下，所以才会导致争吵的发生。

那么，通过这场决斗真的能够一决高下吗？当然不会。因为价值并非有生命的实体，不会有哪种价值因为决斗而消亡，它们会持续地存在于个体的脑海中。接下来，它们又会存在两种可能的状态：要么持续地决斗下去，要么换一种方式对待这种冲突（你可能会发现，这本身也是一种价值冲突）。

这本身的价值冲突是关于正确（既然我是对的，那么我应该坚持我自己）和效果（既然没有效果，那么可以改变方式）的，如果不解决这对价值冲突，那么对唯一正确性的坚持仍旧会难以被克服。

因此，我们可以先从解决这对价值冲突入手。

化解价值冲突的法则

价值冲突能够被解决的核心关键在于，我们在价值冲突中真的需要取舍吗？放弃其中的一种价值是必然的吗？

我们可以运用上面的疑问对冲突——正确和效果——来讨论一下。

正确而没有效果是我们渴望的吗？假如在每次和伴侣的相处中坚持自己是正确的都会引起吵架，最终导致婚姻破裂，那么这是我们渴望的吗？

有效果却违背了正确是我们渴望的吗？假如在每次和伴侣的相处中都违背自己的内心，确实没有吵架，也没有离婚，但是感觉自己没有按照自己的渴望生活，那么这是我们渴望的婚姻生活吗？

好像如果只留下正确或效果，就都不是我们想要的。

有没有可能兼顾正确和效果呢？不论是否能实现兼顾，都可以先看看兼顾后的结果是不是我们想要的。假如我们可以在一定程度上坚持自己内心的渴望，同时考虑效果兼顾对方的渴望，从而让彼此感觉到关系的平衡，那么这是我们渴望的吗？好像的确更好一些，是不是？

我们从中可以发现：在发生价值冲突时只能留下一种价值，其实只是一种未经深思的假象，在这个假象被打破后，就能让解决价值冲突的方式出现新的可能性。这些新的可能性的核心手段都是基于沟通的，尤其是一致性沟通。通过一致性沟通的方式让价值不再采用决斗的方式，而是通过协商得出更好的解决办法。表21-1详细地揭示了解决价值冲突的途径。

表21-1　　　　　　　　　　　解决价值冲突的途径

	日常情形（价值并不真正存在难以调和的矛盾）的应对方式
整合性价值	对立性整合 对A价值和B价值进行矛盾统一的整合 思考这个问题，提取出A价值和B价值中有情境（现实）意义的部分：为什么想要实现这种价值，在实现这种价值的过程中究竟想要什么 将两种价值中有意义的部分进行整合，形成整合性价值，并包含原来对立价值的情境（现实）意义，形成新的整合性意义 例如，婚姻中的正确与效果 • 价值A：正确的情境（现实）意义——坚持自己才是活出自己 • 价值B：效果的情境（现实）意义——让婚姻稳定是经营的重点 整合性价值兼顾正确和效果的新情境（现实）意义——既能在一定程度上坚持自己，又能让婚姻稳定 多元化整合 对A、B、C、D等的价值进行兼容并包整合，这种应对方式是上述方式的高级版本，基本过程是一致的，只不过纳入了更多价值，形成多元化的整合性价值
	特殊情形（价值确实达到了难以调和的程度）的应对原则
折中原则	在现实生活中，确实也存在某些难以整合的价值冲突。这时，如果需要协同行动，就要商议折中方案，以减少价值冲突对现实生活的影响
主体性原则	如果价值冲突的发生并非需要协同行动，那么建议方需要尊重行动方的主体性，让行动方依照自己的价值进行决策
理解原则	不论是基于折中原则还是主体性原则，都需要彼此相互理解，才能真正避免冲突的形成 价值选择常常是一件无可奈何的事，毕竟人生不是完美的，也不可能完美地兼顾所有的价值。人生常常是一个有舍有得的过程，能够照顾自己在乎的、重要的价值，还能尽量兼顾其他人在乎的价值，就已经是一个非常不错的状态了。此时，如果还存在一些无法照顾到的价值也是正常现象，需要充分理解并接纳这个客观情况

了解了以上原理，就能够更加深刻地理解个性部分舞会了。

个性部分舞会

个性部分舞会的本质，就是将原本混乱而复杂的心理冲突，通过外在质感化表达（即雕塑）的方式进行呈现和梳理，让我们内心中有着不同追求的部分（即自我司令部中的一员）被看见，并让它们之间产生有益的沟通，并通过这个过程改善内在关系（自我各个部分之间关系）的和谐程度，最终减少和改善心理冲突。

个性部分舞会的内在过程如下。

- **承认我们的各个部分**。这个内在过程的意义在于承认（即看见）那个部分的存在，否认自己内在的某些部分就会形成阴影（详见第20课）。
- **接纳我们的各个部分**。接纳那些原来被排斥的成员，这样能降低本来存在的对立性冲突，为下面的转化和整合做好基础性工作。
- **转化我们的各个部分**。了解每个部分所追求的价值和其情境意义，帮助其看到坚持自己不是其想要的，实现其情境（现实）意义才是目的。这样就产生了转化，也为整合打下了基础。
- **整合我们的各个部分**。让各个部分共同协作创造出更大的情境（现实）意义，让它们彼此看到合作的价值，愿意协同合作并帮助主体拥有更好的状态，这样就完成了整合的过程。

为了实现上述的内在流程，需要借助外在过程（你可以把这个过程想象成为一出有五个主要情节的舞台剧）来实现，如下。

- **为聚会准备好引导者（咨询师）和主体（问题解决者）**。包括：（1）用著名人物来辨识和代表主体的各个部分（演员）；（2）为这些部分选择形容词；（3）将这些形容词归类；（4）选择恰当的角色扮演者。
- **让各个部分见面**。包括：（1）让各个部分见面和互动，以此作为聚会的开场；（2）让各个部分停下来，然后鉴别它们各自的感受；（3）与主体一起验证这些感受（确认演出是否和内在情况一致）；（4）让各个部分重新开始互动，并且让它们将自己随后产生的感受夸张地表现出来；（5）再次让各个部分暂停，并鉴别它们的感受；（6）和主体一起验证新的感受（确认演出是否和内在情况一致）。

第四部分
自我的深层蜕变

- **出现矛盾**。包括：（1）让各个部分根据它们自身的印象与强项来塑造这个聚会；（2）有可能其中一个部分占据主导地位；（3）让所有的部分暂停，识别它们各自的感受；（4）与主体一起验证这些感受（确认演出是否和内在情况一致）。
- **转化冲突**。包括：（1）让各个部分互动，尝试与其他部分合作并达到协作的状态（对立性整合）；（2）让这些部分在彼此之间建立起和谐的关系（多元性整合）；（3）让它们彼此接纳对方；（4）与主体一起审视思考整个过程。
- **举行整合仪式**。包括：（1）让各个部分展现出它所拥有的众多资源（自己能起到什么作用）以及所做出的转化（自己发生了哪些改变性提升）；（2）让各个部分请求主体接纳；（3）让主体整合并接纳所有属于自己的部分；（4）让主体带着更多新的选择和新的能量来掌控所有的部分。

以上内容参考了《萨提亚家庭治疗模式》中"个性部分舞会"章节。一般情况下，完成这个流程需要众多演员的配合，在萨提亚课程中比较容易操作，但个体难以独自操作。因此，本书特别设计了个人可以独自操作的个性部分舞会。

操作方法

你需要准备几张 A4 纸，并留出比较宽裕的时间（约 1.5~2 个小时），如果有更长的时间更好。找一个安静的空间，尽量避免被打扰。

第 1 步：探索自我的各个组成部分

每种渴望都对应着自我的一个部分，而且渴望更容易被感知，因此探索自我的各个组成部分的一个好办法，就是先用一张 A4 纸把你的渴望都写下来。

第 2 步：为各个部分命名，并用人物来代表

同样是在这张纸上，为你的每个渴望匹配一个能够代表这个部分的人物名称，然后仔细地去感受彼此是否相符。如果不相符就需要再调整，直到非常相符。

接着，在每个人物旁边写下这个人物想要表达的话，及其对世界有自己独立的渴望、期待和价值取向。通过这些人物所表达的话语，能帮助你更清晰地了解其所代表的自我部分的样貌。

第 3 步：用圆圈代表人物

第 3 步至第 6 步的作用是转化对立性冲突关系，请在第二张 A4 纸上完成。

在这张纸上，先用圆圈代表人物，并将他们按照圆形排列的方式写在纸上，作为下一个步骤的基础。

第 4 步：为每对人物进行匹配，确认冲突

这一步所需的时间会长一些，因为需要为每对人物进行匹配，确认彼此之间是否发生过冲突，他们之间的关系是如何的。对于曾经发生过冲突的人物，记录下他们之间曾发生过什么样的冲突。

第 5 步：探索每个部分坚持价值的情境（现实）意义

在每个人物旁边写下这个人物秉持的价值是什么，这个价值对于自己的人生有什么意义，即坚持这个价值能够给自己的人生带来什么，这样就能获知每个部分坚持价值的情境（现实）意义。

第 6 步：让发生过冲突的人物对话

在了解了每个人物存在的意义之后，就可以让发生过冲突的情境进行对话了。如果你的想象力比较好，就可以完全在脑海中完成这个过程；如果你的想象力不够好，就可以借助几张 A4 纸来辅助，写下这个对话的过程。

对话的方向为：（1）促进这些人物理解彼此的初衷和作用；（2）促进彼此理解对方存在的意义和价值。

这个对话希望可以实现的是，使彼此看到所秉持价值中的有益部分，把这些有益的部分都纳入新的整合性价值中。

第 7 步：让人物召开圆桌会议

第 8 步至第 10 步的作用是改善内在整体关系，形成自我和谐状态，请在第三张 A4 纸上完成。

在纸上画一张圆桌，让人物召开一次圆桌会议，让每个人物依次发表自己渴望

的生活形态和人生轨迹。你需要在纸上记录他们的发言。随后，要组织这些人物讨论一个能够尽可能包含每个人物的想法的具体方案，这个方案就是多元性整合的重要成果，你要把它写在纸的中间位置。这个成果能帮助个体的不同部分协作，同心协力地应对今后的生活情境。

第8步：商议更加具体的合作可能

在圆桌会议的结尾，可以让每个人物对未来的合作进行探讨，核心是发表自己可以贡献些什么，以及今后对于合作的态度。

第9步：感受做完练习的体验，并时常重复上述过程

这个练习并非做一次就一劳永逸了，内心的分化是一个无意识过程，每隔一段时间就需要进行整合工作。重复这个过程可以帮助内心保持完整、和谐，而不是不断分裂并产生大量心理冲突。

通过对上述方法的持续练习，我们就可以逐渐实现通过个性部分舞会，减少心理冲突的烦恼，过上更加平静、舒适的生活了。

案例实录

背景信息

睿睿最近感到很容易疲惫，和下属的关系很僵，还容易对妻子发脾气，不想和父母联络，整个人都感到很低落。然而，此时正是他事业冲刺的关键期，如果他能突破，他的事业就能更上一层楼。其实，睿睿看到自己现在的状态也感到很担心，担心自己要是再这样下去，就可能无法突破这个重要的关口，甚至可能会让自己之前的努力全都白费。

睿睿总感觉有一片大大的阴影笼罩着他，他通过放松解压得到了一些缓解，但他更想弄明白自己到底怎么了。

我们来看看睿睿在工作坊里是如何认识并接纳自己的六个部分的。

课程中

第一回

丽娃：睿睿，请你想六个人，从古到今，无论是历史人物、政治人物、明星、文学家，还是卡通人物、书中的人物，都可以。这六个人里有你非常喜欢的，也有你非常不喜欢的。比如，你喜欢史努比，不喜欢魔鬼。

睿睿：我不喜欢刘邦。

丽娃：先不要说喜欢还是不喜欢，先把人物说出来。

睿睿：武则天、哆啦A梦，呃……呃……

丽娃：这六个人物不用安排三个喜欢、三个不喜欢，只要这六个人中有你非常喜欢的和非常不喜欢的就可以。

睿睿：我有点紧张，有点想不起来。

丽娃：放松，随便想，不用紧张。不管你想到谁，对你来说都是有意义的。无论是历史人物、政治人物、明星、文学家，还是卡通人物、书中的人物，甚至是你身边的人物也可以。

睿睿：夜华、芈月、我妻子。

丽娃：你要不要给你妻子一个代号？还是愿意说她真实的名字？对于你身边的人，如果不想透露太多，可以用代号。

睿睿：就叫她"圆圆"吧。

丽娃：请你给每个人物一个形容词。也就是说，在你想到他的时候，会怎么来形容他？

睿睿：刘邦，无情；武则天，不择手段；哆啦A梦，温暖；夜华，全能、重情义。

丽娃：请从"全能"和"重情义"这两个中选择一个词。

睿睿：重情义。

丽娃：好的，请继续。

睿睿：芈月，被爱的、聪明的。

丽娃："被爱的"好像是一种状态，你给她这个人一个什么样的形容词？是"聪明"吗？

第四部分
自我的深层蜕变

睿睿：是的，聪明。

丽娃：请继续。

睿睿：圆圆，温暖。

丽娃：我想区分一下，哆啦A梦的"温暖"和圆圆的"温暖"会不会有点像？

睿睿：是的。

丽娃：请你再想一下，还可以如何形容圆圆？

睿睿：温柔。

丽娃：在你看来，"无情"这个词是正向的还是负向的？

睿睿：负向的。

丽娃："不择手段"这个词在你看来是正向的还是负向的？

睿睿：负向的。

丽娃："温暖"呢？

睿睿：正向的。"重情义""聪明""温柔"，也都是正向的。

丽娃：你所列举的这些人物中，有你喜欢的也有你不喜欢的。接下来，我们开始选角色。请你看看工作坊中的其他伙伴，请你看看谁可以扮演你心目中的刘邦？请你去邀请他来扮演你的刘邦，当然，这个人也可以拒绝。（众笑）

睿睿分别邀请了伙伴扮演了刘邦、武则天、哆啦A梦、夜华、芈月、圆圆。

丽娃：现在，这些伙伴就是你心目中的角色，你需要给他们一些指导，比如他们的动作、姿势等，我们稍后还要请他们到中间走一圈，需要得到你认可才行。我们先从刘邦开始，你要告诉他，你心目中的刘邦如何表现出无情？怎么走路？眼神是什么样的？身体姿势又如何？

睿睿：我其实对历史人物了解得并不是很透，我觉得刘邦是无情的、虚伪的、狡诈的。

丽娃：这些形容词不足以清晰地指导他。你需要说得具体一些，比如，他要怎么走路，说什么话呢？

睿睿：他走路时，会手背在身后，总是若有所思，踱着方步，看起来很虚伪，和有的领导视察很像。

丽娃：如果他要说话，他会说一句什么样的话？

睿睿：他会说"嗯，让朕思考一下"。

丽娃：你心中的武则天呢？要想表达出不择手段，要怎么走路？说什么话？

睿睿：挺胸抬头，头高高地昂着，走路还蛮注重女性礼仪的。

丽娃：来，武则天，走一小段试试看。

睿睿：可以再自信一些，目光坚定，胸部再挺起来一些，现在看起来有一些柔弱，步伐可以再坚定一些。

丽娃：武则天会说些什么？

睿睿：今天天气不错，朕心情甚好。

丽娃：哆啦A梦呢？

睿睿：哆啦A梦，温暖、可爱、贪吃的。手里拿一块铜锣烧，胖嘟嘟的。哆啦A梦会说"还有铜锣烧可以吃吗"。

丽娃：走路姿态呢？

睿睿：憨态可掬的。

丽娃：夜华呢？

睿睿：夜华就是电视里面演的那样。

丽娃：你心目中的夜华如何？你刚说他重情义，对吗？请你告诉扮演的伙伴，用什么样的动作、身体姿势等可以表现出重情义？

睿睿：重情义、很冷静、很理智，说话不疾不徐。声音很好听很深沉。走路很沉着，会深情款款地说一句"浅浅，你回来了"。

丽娃：手怎么放？怎么走路？

睿睿：一只手放上去、一只手放下来（睿睿示范走路）。

丽娃：再来芈月。

睿睿：我觉得她（扮演的伙伴）和我心目中的芈月很像，她是柔弱的、聪慧的、惹人怜爱的，男的女的都喜欢她。说句什么话呢？"大王，我给您煲汤了。"（转向扮演的伙伴）就像你刚才走路那样就可以了，很温婉、很淑女、很有女性的味道。

芈月：（走台步）大王，我给您煲汤了。

丽娃：最后，请睿睿指导扮演圆圆的伙伴，要如何演出圆圆的温柔。

睿睿：圆圆她走路有点外八字，喜欢一只手插在兜里。

扮演圆圆的伙伴走了几步。

第四部分
自我的深层蜕变

睿睿：慢一点，不挺胸不抬头……还是不太像，嗯，请你正常走路就可以了。

丽娃：她常说的一句话是什么？

睿睿：你一天到晚就知道气我。

圆圆：(走台步)你一天到晚就知道气我。

丽娃：我们对各个角色的走路姿势、特质都已经明白了。请剧务组先带六个角色去旁边装扮，装扮成睿睿心目中角色的样子，并挂上各个角色的挂牌。装扮好后，舞会就要开始了。睿睿请到我这边来，其他伙伴可以换一个看得比较清楚的位置，并保持安静。这个单元叫作"个性部分舞会"，英文是"parts party"。"部分"，即parts，是指人格的部分。睿睿，你所选出来的这六个人都是你人格的一部分。接下来，我们要观看你人格中的这些部分，在这场个性部分舞会中如何互动。

演员们，你们演的是睿睿的各个部分。我和睿睿发了邀请卡，邀请刘邦、武则天、哆啦A梦、夜华、芈月、圆圆来参加这个舞会，你们给我们的回应是你们答应了。在今天早上的9点40分，你们即将抵达舞会现场。请设想，我、睿睿以及旁边的观众都不在场。

刚刚睿睿告知了大家形容词、特质、小动作，请你们尽量夸张地演出。等过一会儿你们进入舞会时，请尽量夸张地互动。主角，也就是睿睿，需要在这个互动过程中观察谁和谁比较好，谁和谁不适合搭在一起。现场有吃的、喝的，还有椅子、有音乐，但没有剧情，你们需要自发性地互动。

各个主角陆续入场。互动、交流了一会儿。

丽娃：请暂停。请各位演员闭上眼睛。你们带着身份和特质来到这场舞会，你有什么想法和感觉？稍后请一个一个地说。刘邦先来吧，你有什么感受？

刘邦：感觉我像是一个蜡像走了进来，不舒服。

丽娃：刚刚你闭上眼睛的时候，你有什么感受？在整个过程中，你感受到了什么？

刘邦：感觉大家互动时不是自然的。

丽娃：那是什么样的互动？

刘邦：大家的动作都是刻意修饰做出来的。

丽娃：大家刻意做出来的动作，给你带来了什么样的感受？

刘邦：焦灼。

丽娃：焦灼。我们会演四、五回。等一下演到第二回的时候，请你把焦灼更夸张地演出来。

圆圆：感觉我和他们都不是一个年代的，没有办法互动，很尴尬……左右为难，不知道该干什么。

丽娃：左右为难。在第二回，请你更加夸张地表现出左右为难，你的左右为难会通过在你的动作表现出来。芈月，你有什么样的感受？

芈月：我感到芈月的行事风格，是把自己放得很低。

丽娃：通过这样的互动，你感受到了这样的行事风格，请你在第二回中更夸张地把这种"低"表现出来。哆啦Ａ梦，你感受到了什么？

哆啦Ａ梦：我感受到大家都是面无表情的、拒绝的。哆啦Ａ梦很温暖，所以我想把这份温暖分享给大家。

丽娃：如果你想要分享这份温暖却被大家拒绝，或是没有得到什么回应，那么你的心情如何？

哆啦Ａ梦：心情有点小失落。

丽娃：请你在第二回中夸张这样的小失落。夜华，你感受到什么？

夜华：内疚。

丽娃：内疚从何而来？

夜华：哆啦Ａ梦要送我花，被我拒绝了；芈月和我打招呼，我也没有理。我的内心不想这样，所以有点内疚。

丽娃：请你在第二回夸张内疚。武则天，在刚才这个戏里你感受到了什么？

武则天：我感觉我不想和他们互动。我觉得他们都很虚伪。我整体的感觉就是，我不愿意和他们任何一个人互动，我不喜欢假象，我喜欢冷静。

丽娃：好的，请你在第二回夸张冷静。

第二回

丽娃：请各位演员闭上眼睛，大家刚刚说到了焦灼、冷静、小失落、内疚、低、左右为难。现在，请大家睁开眼睛，开始夸张地互动！

演员表演。

丽娃：请暂停。请各位演员闭上眼睛，回忆刚刚经过了夸张的互动，从整体来说，你们每个人分别产生了什么感受？

芈月：没有被看见，低落、难受。

丽娃：在你将小失落演到极致后，你有什么感受？

芈月：我感受到讨好。我觉得非常失落，觉得委屈。

丽娃：稍后请将这种失落、委屈夸张地表现出来。夜华，你感受到了什么？

夜华：我感受到我特别内疚，但是我表现不出来。

丽娃：当你很内疚又表现不出来的时候，你感受到了什么？

夜华：我想离开这个地方，自己待一会儿。

丽娃：想要独处时，你的心情如何？

夜华：压抑。

丽娃：请你在第三回将这份压抑夸张地表现出来。刘邦，你感受到了什么？刚刚我注意到，你说了两次"把他砍了"。

刘邦：我感觉不知所措、无奈不想看但又必须看，又烦……总体感受是很无奈。

丽娃：很无奈。圆圆，你呢？

圆圆：左右为难，很难取舍。我把他们几个都惹毛了，但是自己也没有得到什么。

丽娃：你把他们几个都惹毛了，但是自己也没有得到什么，这是一种什么情绪？

圆圆：焦躁不安。

丽娃：焦躁不安。武则天，你感受到了什么？

武则天：掌控，都在我的掌控之下，我有能力掌控。

丽娃：掌控。哆啦A梦你又感受到什么？

哆啦A梦：很低落，也很难受！

丽娃：第三回请你把这个低落难受表达出来，夸张地跟每个演员表达。

第三回

丽娃：请各位演员闭上眼睛。在这一回中，请各位伙伴把你们的掌控、焦躁不安、无奈、压抑、委屈、低落难受，更夸张地表现出来。睿睿，在他们表演的过程中你要思考，他们说的这些话是否也在你的生活中出现过？我观察到，在他们之前的表演过程中，有几次你频频点头。现在，请各位演员睁开眼睛，夸张地说话、互动，你们想和谁说话就和谁说话，想和谁互动就和谁互动，就当其他人都不在场。开始！

演员表演。

丽娃：请暂停。在这一回中，舞会显得不太像舞会了，所以请各位演员来想一些办法，运用自己的专长，用自己的强项来影响、控制整场舞会，让这场舞会更像样点。从圆圆这里开始。如果让你来控制舞会，你会用什么办法或是什么方式？

圆圆：我要让他们去不同的包间，把他们分开。

丽娃：分开。稍后请你坚持这么做，或者说，你要使劲这么做。

哆啦Ａ梦：我想我会拉起夜华、刘邦的手，至少会一起跳舞。

丽娃：这是你的方式。我想要你运用你自己独自可以操作的方式来改善这场舞会。我提供几个点子，比如，继续送点心。

哆啦Ａ梦：我继续把我的好吃的分出去，不是像之前那样分出去，而是去喂他们。

丽娃：所以，你的方式是更主动地喂他们吃点心。那芈月呢？

芈月：我会用眼神注视每个人，用爱融化每个人。

丽娃：芈月用爱融化大家。那夜华呢？

夜华：我觉得我只要主动接纳别人对我的好，然后积极地反应就好了。

丽娃：接纳。刘邦，你想到用什么样的方式来控制舞会？

刘邦：我应该会先接纳哆啦Ａ梦……

丽娃：请你用你最熟悉的方式来控制舞会。

刘邦：那就是，用合理的方式来调整每个人的关系。我不想控制他们。

丽娃：你要怎么做呢？

刘邦：我想用暴力除掉他们。

丽娃：稍后，请你用力、使劲地去做这件事情。武则天，你要用什么方式来控制这个舞会？

武则天：我觉得别人想怎样就怎样。

丽娃：那你要做什么来改善这场舞会呢？

第四部分
自我的深层蜕变

武则天：我会安排他们每两个人在一起。

丽娃：所以，你是要去安排他们做事情。睿睿，他们刚刚讲的那种控制力、用自己的控制、用爱融化、接纳、分开、指挥，这会让你想到你生活的什么？

睿睿：人际互动吧。

丽娃：可以多说一点吗？

睿睿：我在人际互动中需要去改变。比如，接纳别人对我的好，接受别人的好意，主动分享我的好意。我之前在人际交往中比较被动，以后要发挥控制力，要更主动一些。此外，我之前一直在试图控制别人，但其实更应该控制自己。

丽娃：我刚听到你回应的是以后你可以怎么改善，这很好提议。如果将各角色想要做的事情、控制、爱的融化、接纳、分开、指挥，还有喂人家吃点心，与你的生活呼应，那么你感觉像不像你平常在人际互动上的一些现象？

睿睿：完全一样，他们说的有些话触动了我，我都快要流泪了。比如，武则天说的"每个人都有一个假面"，刘邦一开始进来的时候是高高在上的，突然进来了武则天，让他不会控制，他就想把她干掉。还有，武则天只关注刘邦，其他的则不关注，这和我很像——我也是只关注我想关注的。我会嫉妒比我强的，看不起甚至根本不理不如我的。这是我的问题，我想要改变。

第四回

丽娃：每个演员都已经想到了各自的方式来控制这场舞会，请大家要使劲地把你们的方法演绎出来，尤其是刘邦、武则天。开始！

演员表演。

丽娃：请暂停。现在看起来，这边有几位演员聚成一堆，还有两位像是站在外面。刚才各位演员，也就是睿睿的各个部分，已经想尽了办法想让这个舞会更和谐，显然还没有达到理想状态。现在，请各位演员来回答，你最愿意和谁合作？请夜华先来吧。

夜华：刘邦。

丽娃：是什么让你最愿意和刘邦合作呢？

夜华：可能是因为我们都是男性，而且我也喜欢刘邦很直接的方式。

丽娃：刘邦，你想要找谁来合作？

刘邦：芈月。

丽娃：哆啦A梦呢？

哆啦A梦：我比较想找刘邦。

丽娃：好的，那等一下你就先去找刘邦合作。芈月，你会想去找谁合作？

芈月：我会去找武则天。我注意到她看向我时，好像在向我示好。

丽娃：好的，你去找武则天。圆圆，你想要找谁？

圆圆：我会找哆啦A梦和我合作。

丽娃：武则天，你会找谁和你合作？

武则天：我会和每个人合作，因为每个人都有优点和缺点，都有可利用的长处。

丽娃：武则天会和所有人合作。

第五回

丽娃：请演员们先闭上眼睛，回想你刚刚说的要和谁合作，去思考怎么合作？好，请睁开眼睛，开始。

演员表演。

丽娃：请演员们来到中间，围在睿睿的周围。这些演员，也就是睿睿的这些部分，并不是一直维持一样的特质，在演戏的过程会感觉到一些变化，就像万花筒一样。现在的这些部分，我们看到一些现象，原先你以为是正向的部分，其实也会有一些负向的；原来你以为是负向的，其实他们也具有领导力等正向的特质。现在，请夜华先走到睿睿的面前，告诉睿睿，我是你的夜华，同时也是你的重情义、压抑、内疚，还是你的接纳，你可以接受这样的我吗？稍后，请其他部分也这样与睿睿对话。

夜华：睿睿，我是你的夜华，也是你的重情义、压抑、内疚，还是你的接纳，你可以接受这样的我吗？

睿睿：我接受。

芈月：我是你的芈月，也是你的聪明、灵性，还是你的融合，你愿意接受这样的我吗？

睿睿：我接受。

第四部分
自我的深层蜕变

武则天：我是你的武则天，同时也是你的不择手段，还是你的冷静、掌控、指挥，你愿意接受这样的我吗？

睿睿：我接受。

哆啦A梦：我是你的哆啦A梦，也是你的温暖，还是你的小失落、委屈，以及你的不主动，你愿意接受这样的我吗？

睿睿：我接受。

圆圆：我是你的圆圆，也是你的温暖，还是你的左右为难、焦灼不安，你愿意接受这样的我吗？

睿睿：我接受。

刘邦：我是你的刘邦，也是你的无情，还是你的无奈、控制，你愿意接受这样的我吗？

睿睿：我接受。

丽娃：现在，请睿睿慢慢地转动自己的身体，依次去看各个部分，你在看他们的时候会回想起好多事情，回想这个部分带给你的影响，以及这个部分所代表的意义，以及涵盖的力量、资源，在你觉得完成后就点点头。然后转动你的身体，看向下一位。

睿睿看向夜华。

丽娃：他是你的夜华，他在你的人格中发挥了很多的作用……

睿睿看向芈月。

丽娃：她是你的芈月，曾经在你的生活中带给你意义，对你起到了很大的作用，现在他们呈现出来的是彼此的协作，因为协作可以得到融合……

睿睿看向武则天。

丽娃：她是你的武则天，有时你以为武则天代表的是缺点，可是在最后融合的时候，她发挥了很大的功能……

睿睿看向哆啦A梦。

丽娃：她是你的哆啦A梦，代表温暖。有时，一些好的特质也会带来一些困扰，但是各个部分彼此合作，就可以化险为夷……

睿睿看向圆圆。

丽娃：她是你的圆圆，是另外一种温暖，有时候会带来左右为难……

睿睿看向刘邦。

丽娃：他是你的刘邦，他在这场舞会中发挥了很多的作用，认识他的好，接纳他。现在，请你闭上眼睛，其他演员请到后台"卸角色"。睿睿，请你深呼吸，继续把他们的意义、资源、能量吸收进来，充满你的全身。

睿睿照做，安静片刻。

丽娃：接下来，需要参与扮演的伙伴们"卸角色"。请大家面对一面墙，想象自己站在镜子前，头上戴着睿睿的帽子，用一只手将帽子取下，也将你身上代表角色的挂牌取下。用另外一只手戴上自己的帽子，在镜子前看到自己戴着自己的帽子，说三次"我是……"。也可以全身动一动、抖一抖、跳一跳。再请大家到睿睿面前，把扮演的角色挂牌还给他并对他说"我不是你的……，我是……"。

伙伴们照做。

丽娃：其实对睿睿来说，你的身上不止这六个部分，还有很多。他们的演出就是把这些部分、彼此之间的互动，还有他们的关系、情况凸显出来。在以后的日子里，当你回想起今天的这一幕时，对你会有很大的帮助。

睿睿：我真的有很大的收获。我以前很讨厌自己的缺点，总想改变自己的缺点，在参与完这个活动以后，我觉得没有必要去改变这些缺点，而是接纳它们就好了。感谢每位作为演员的伙伴，你们给了我很大的帮助。

课程后

课程结束后，睿睿回到生活中觉得又有干劲了，因为他接纳了他的六个部分，也因此让自己更完整。

过了半年，睿睿突破了局限冲上了巅峰。正当他要接受新职位的时候，他所任职的跨国公司的老总发来了邀约，请他去国外拓展业务。他感到很冲突，既想留在原来的城市继续拼搏，又想去开辟新的疆土。这时，睿睿独自开了一场个性部分舞会，他在纸上写下六个人物的名字并让它们围成一个圆圈，并将"自我"写在中间，让其主持会议（见图21-1）。

第四部分
自我的深层蜕变

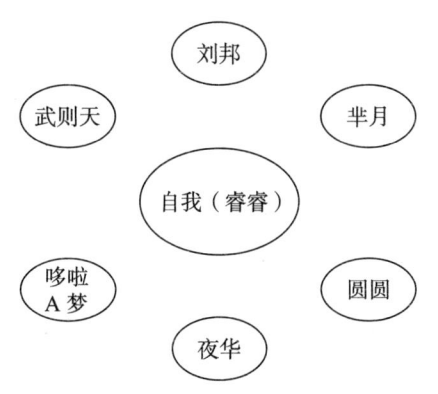

图 21-1　睿睿的个性部分舞会

睿睿（自我）：我感到很矛盾，想留在这个城市，我对这个城市很熟悉，而且毕竟努力了这么多年，很希望父母可以沾光。同时，国外很有吸引力，如果去那边，薪水也会很高。我不知道该如何做决定。

圆圆：我想去国外，那儿的教育环境对孩子可能更好些。

哆啦A梦：只要饮食习惯可以调适，去那里还可以吃到不同风味的食物，不错。

芈月：我比较担心对于环境、语言文化和生活习惯的适应。

夜华：我会保护芈月、稳定江山。

武则天：芈月，你不是经过迁徙来的吗，怕什么？我让你依靠！更何况，睿睿男儿志在四方，去国外开拓新的疆土吧！

刘邦：别听这帮人胡言乱语，听你的心。

睿睿（自我）：（他感觉自己顿时明白了）如果我去国外，你们会帮我吗？

刘邦：会！我会帮助你开疆辟土！

武则天：我会帮助你拓展新的可能！

芈月：我会提醒你什么时候避开危险。

夜华：我会帮助你稳住。

哆啦A梦：我会告诉你哪里有好吃的。

圆圆：我会把家顾好！

圆桌会议两轮结束。相信你也猜得出睿睿最后做出的决定！

今日功课

请按照下面的指导开始练习。在回答以下问题的过程中，尽量运用直觉来操作。

第 1 步：回顾你过去的整体经历，你有哪些渴望？

第 2 步：如果给你写下来的每种渴望匹配一个人物，那么这些人物是谁？如何形容他们？他们想要表达些什么？

第 3 步：哪些人物之间发生过冲突？频繁程度、强烈程度如何？冲突是如何发生的？

第 4 步：每个人物都在追求什么价值？如果让他们对话，那么如何对话能够让他们相互理解？如何对话能够让他们形成整合性的价值？

第 5 步：让这些人物一起开一次全体会议，会是什么样的？他们会形成什么样的整体性共识？

第 6 步：完成了上述步骤后，你的感受是什么样的？你有什么启发？

恭喜你，21 课的内容到这里就全部结束了。

希望通过本书的学习，你可以掌握运用萨提亚模式进行自我提升的诸多方法，通过切实的练习和成长，让生命中的那些重要关系得到真正的改善。

让你的原生家庭系统变得美好！

让你的内在心理系统变得和谐！

让你的人际沟通系统变得顺畅！

参考文献

[1] 萨提亚，贝曼，格伯，葛莫莉.萨提亚家庭治疗模式[M].聂晶，译.北京：世界图书出版公司，2015.

[2] 贝曼.当我遇见一个人：维吉尼亚·萨提亚演讲集：第二版[M].邢雨竹，译.北京：世界图书出版公司，2019.

[3] 萨提亚.新家庭如何塑造人[M].易春丽，叶冬梅，译.北京：世界图书出版公司，2015.

[4] 贝曼.萨提亚转化式系统治疗[M].钟谷兰，宫一栋，卫丽莉，苏青，译.北京：中国轻工业出版社，2009.

[5] 罗杰斯.当事人中心治疗：实践、运用和理论[M].李孟潮，李迎潮，译.北京：中国人民大学出版社，2013.

[6] 池见阳.倾听·感觉·说话的更新换代：心理治疗中的聚焦取向[M].李明，译.北京：中国轻工业出版社，2017.

后记

这本书的缘起要首先感谢编辑郑悠然，是她点燃了我们对于萨提亚书籍的写作热情，她也在书籍的写作过程中为我们提供了许多非常重要的、有建设性的帮助。

从 2020 年 5 月 10 日缘起，到 12 月 10 日完稿，再到 2021 年 3 月底润稿完成，历经近一年的时间，终于孕育出了一本让我们两位作者都感到比较满意的作品。虽然这个过程饱含苦辣酸甜，但当作品彻底被完成的那一刹那，我们感觉到所有这些付出都是值得的。

事实上，写作一本萨提亚模式的书籍是一项非常困难的任务，因为萨提亚的洞见常常是越过概念、直通智慧的。想要仅仅通过文字去还原它那立体的结构、智慧的全貌，确实不是一件容易的事情。

正因为如此，我们商定将写作重点主要放在以下几个方面。

呈现出萨提亚模式的立体性动态结构

这是我们对本书最大的期盼，希望通过我们的语言呈现出萨提亚模式本身所具有的立体性动态结构。因为这是萨提亚模式最核心的特征和价值，也是萨提亚模式最核心的要义。只有在充分地理解了这种立体性动态结构的基础上，才能让萨提亚模式发挥最大的功效。

尽可能深入浅出

我们也希望这本书能帮助到更多的人，不论是刚接触心理学的初学者，还是想要使用萨提亚模式的自我疗愈者，抑或是较为成熟的心理咨询师，我们都希望这本书能够对得起他们用于阅读本书的宝贵阅读时间，能够让这些时间的付出是有价值、有意义的。因此，我们在主观上力求能够做到知识的深入和文字的浅出。

让知识有讲、有法、有练

最后，我们还希望能够让这本书切实地解答关于萨提亚模式每一个议题的这样三个问题：为什么、怎么做、如何做到。

因为只有充分地理解了原理（为什么），才可能触类旁通；只有充分地明白了操作流程（怎么做），才能够落地实行；只有充分地了解了实践功课（如何做到），才能够真正掌握。

从现在来看，我们在一定程度上做到了这三点。当然，我们离尽善尽美还有很长的距离，但这也是我们努力的方向。

人生是一个逐渐进步的旅程，我们真心地希望这本书能够帮助越来越多的人改善自己的生活，走向真正的幸福。